舌尖上的

豆类养生菜

于雅婷◎主编

世界图书出版公司

图书在版编目（CIP）数据

舌尖上的豆类养生菜 / 于雅婷主编 . -- 北京 : 世
界图书出版公司 , 2022.8
ISBN 978-7-5192-9748-0

Ⅰ . ①舌… Ⅱ . ①于… Ⅲ . ①豆类蔬菜—菜谱②豆制
食品—菜谱 Ⅳ . ① TS972.123

中国版本图书馆 CIP 数据核字 (2022) 第 156756 号

书　　　名	舌尖上的豆类养生菜
（汉语拼音）	SHEJIANSHANG DE DOULEI YANGSHENGCAI
主　　　编	于雅婷
总　策　划	吴　迪
责 任 编 辑	韩　捷
装 帧 设 计	夕阳红
出 版 发 行	世界图书出版公司长春有限公司
地　　　址	吉林省长春市春城大街 789 号
邮　　　编	130062
电　　　话	0431-86805559（发行）　0431-86805562（编辑）
网　　　址	http://www.wpcdb.com.cn
邮　　　箱	DBSJ@163.com
经　　　销	各地新华书店
印　　　刷	唐山富达印务有限公司
开　　　本	787 mm×1092 mm　1/16
印　　　张	16
字　　　数	431 千字
印　　　数	1—5 000
版　　　次	2023 年 1 月第 1 版　2023 年 1 月第 1 次印刷
国 际 书 号	ISBN 978-7-5192-9748-0
定　　　价	48.00 元

序言

我国传统饮食认为："五谷宜为养，失豆则不良。"意思是，五谷营养丰富，但是没有豆子，就会失去平衡。

豆类菜包括豆类蔬菜和豆制品两大类别，其中豆类蔬菜又包括豆角、四季豆、蚕豆等品种，豆制品包含豆腐、豆干、腐竹等品种。豆类及豆制品的蛋白质含量很高，一般在 20%~40%。

豆类富含蛋白质，几乎不含胆固醇，是物美价廉的蛋白质以及钙和锌的最佳来源，也是世界公认的绿色健康食品，素有"植物肉"之美誉，具有丰富的营养价值，是家庭每日不可缺少的保健食品。营养学家建议少吃畜肉菜，多吃豆类菜。

现代医学也证明，人类坚持食用豆类食品，只要两个星期，人体的脂肪含量就会减少，免疫力就会加强，从而降低患病的概率。所以，很多营养专家一再呼吁人们多食用豆类食品。此外，很多现代人营养过剩的状况，可通过用豆类食品替代一定量的动物性食品的方法来解决。

本书根据营养学专家的指导，严格按照营养学观点，将豆类菜分为豆蔬养生菜和豆制品养生菜两大部分。豆蔬养生菜介绍了黄豆、蚕豆、青豆、扁豆、四季豆、豌豆、芸豆、红豆、腰豆、刀豆、荷兰豆、豆角等美味多样的豆类蔬菜；豆制品养生菜介绍了豆腐、豆花、豆干、豆皮、腐竹、豆浆等有"素中肉品"之称的豆制品。

本书结合中西营养学的观点，全面介绍了每种豆类菜的性味、别名、食疗功效、适宜人群、搭配宜忌等，帮助您了解、熟识各种豆类菜。还推荐了众多不同口味的豆类菜的做法，严格甄选每一道菜；在突出豆类菜好吃、易做、营养与美味的同时，款款菜例均详细介绍用料配比、制作方法、适合人群等。百味齐出，百吃不厌，香气诱人，搭配合理，操作方便，拌、炒、烧、蒸任您挑。

全书内容详尽、实用，形式新颖、时尚，让您一看就懂，一学就会。另外，本书还配以大量的精美图片，让您身临其境感受豆类菜的魅力。

最后，愿本书能让您和您的家人每天都能品尝一道豆类养生菜，健康地生活。愿您的生活从健康"豆"生活开启！

目录

第一章 | 美味多样的豆蔬养生菜

第二章 "素中肉品"的豆制品养生菜

第一章

美味多样的
豆蔬养生菜

现代营养学证明，每天坚持食用豆类食品，可减少脂肪含量，增强免疫力，降低患病的概率。本章介绍了美味多样的豆类菜，并推荐了众多美味的菜肴，让我们大饱口福的同时，还有很好的养生作用。

黄豆

别名：大豆、菽
性味：性平、味甘
适合人群：脑力工作者

食疗功效

增强免疫力

黄豆富含蛋白质及矿物元素铁、镁以及人体必需的 8 种氨基酸，可以增强人体免疫力。

降低血脂

黄豆中的蛋白质和豆固醇，能明显地改善和降低血脂和胆固醇，从而降低患心血管疾病的概率。

提神健脑

黄豆还含有维生素 E、胡萝卜素，磷脂的含量丰富，可增强记忆力。

选购保存

颗粒饱满、无霉烂、无虫蛀的是好黄豆。将黄豆晒干，用塑料袋装起，放阴凉干燥处保存。

♥ 温馨提示

煮黄豆前，先把黄豆用水泡一会儿，容易煮熟，煮的时候放一些盐，比较容易入味；夏天，为防止细菌繁殖而使黄豆发酵、变坏，浸泡黄豆时最好将其放到冰箱里。

食用禁忌

忌	黄豆 + 酸奶	黄豆与酸奶同食，会影响钙的吸收，降低营养价值
忌	黄豆 + 可乐	黄豆和可乐同食，易引起胀气

营养黄金组合

宜	黄豆 + 花生	黄豆富含卵磷脂和蛋白质，花生富含蛋白质和油脂，两者同食，有丰胸通乳的功效
宜	黄豆 + 红枣	黄豆能生津、调节内分泌，与红枣同食，可增强免疫力及补血、降血脂

酱黄豆

原材料 黄豆250克，葱花适量
调味料 盐、酱油、胡椒粉、八角、桂皮、香油各适量

做法

1. 将黄豆洗净，放入温水中泡发。
2. 将黄豆放入锅中，加清水、八角、桂皮煮至酥烂，再加盐、酱油、胡椒粉，使黄豆浸入味。
3. 食用的时候将黄豆捞出，淋上香油，撒上葱花即可。

芥蓝梗拌黄豆

原材料 新鲜黄豆100克，芥蓝梗200克，枸杞少许

调味料 盐3克，香油适量

做法

1. 将黄豆清洗干净；将芥蓝梗洗净，切段；将枸杞洗净。
2. 锅中加水，烧开，分别将芥蓝梗、黄豆、枸杞汆熟，捞出沥干，装盘。
3. 加盐、香油拌匀即可。

豆香排骨

原材料 猪排骨600克，黄豆100克，鲜汤500毫升

调味料 盐1克，油适量，豆瓣酱10克，辣妹子酱5克，红油、香油各5毫升

做法

1. 将猪排骨洗净斩段；将黄豆泡发洗净。
2. 锅中加水，烧热，下黄豆煮熟；另起锅倒油烧热，加入排骨炒至变色，下入豆瓣酱、辣妹子酱炒香，倒入鲜汤，放入黄豆。
3. 加入盐，烧至排骨酥烂时，收浓汤汁，淋上香油、红油即可。

酒酿黄豆

原材料 黄豆200克，葱10克

调味料 醪糟100毫升

做法

1. 将黄豆用水洗好，浸泡8小时后去皮洗净，捞出待用；将葱洗净切葱花。
2. 把洗好的黄豆放入碗中，倒入准备好的部分醪糟，放入蒸锅里蒸熟。
3. 在蒸熟的黄豆里加入一些新鲜的醪糟、葱花即可食用。

皮冻黄豆

原材料 猪皮500克，黄豆200克
调味料 八角、桂皮、香叶、陈皮、生抽、盐各适量

做法

1. 将猪皮洗净，煮熟后沥干；将黄豆在清水中浸泡3小时备用。
2. 锅中加水，将猪皮和八角、桂皮、香叶、陈皮放入，以大火烧开，炖半小时后捞出猪皮切丁，放入锅中，加黄豆、生抽、盐，炖好后，捞出晾凉切条即可。

青红椒拌干黄豆

原材料 黄豆300克，青椒、红椒各40克，香菜适量
调味料 盐、香油、油各适量

做法

1. 将黄豆以温水泡发，入油锅炒至炸开；将青椒、红椒用水洗净，入沸水中焯水后，切碎片；将香菜洗净。
2. 将黄豆与青椒、红椒同拌。
3. 调入盐、香油拌匀，撒上香菜即可。

拌豆子

原材料 黄豆100克，红辣椒、姜片、香菜各适量
调味料 白糖、盐各适量

做法

1. 将黄豆用水泡发、泡透；将香菜洗净。
2. 将红辣椒洗干净，去蒂去籽，磨碎后加盐，搅拌成辣椒酱。
3. 将泡好的黄豆放入锅内，煮熟，加入盐、姜片搅拌后捞出，待凉后拌上辣椒酱、白糖、香菜即可食用。

黄豆炒粉丝

原材料 猪肉末100克，熟黄豆50克，粉丝150克，葱末适量

调味料 料酒10毫升，酱油5毫升，白糖3克，油、盐、香油各适量

猪肉　　　黄豆　　　葱

做法

1. 将粉丝洗净略泡，切成段。
2. 油锅烧热，放肉末煸炒，炒至断生，加入粉丝，再放黄豆一起炒，加入盐、料酒、酱油、白糖及水，迅速翻炒，待汤汁少时，淋上香油，撒上葱末。

大厨献招： 粉丝不宜泡太久，以免失去韧性。

适合人群： 一般人都可以食用，尤其适合男性食用。

韭菜黄豆炒牛肉

原材料 韭菜200克，黄豆300克，牛肉100克，干红辣椒10克

调味料 盐3克，油适量

做法

1. 将韭菜用水洗净切段；将黄豆洗净，浸泡约1小时后沥干；将牛肉洗净切条；将干红辣椒洗净切段。
2. 锅中倒油，烧热，加入牛肉和黄豆炒熟，入韭菜炒至断生。
3. 下干红辣椒和盐，翻炒至入味即可。

黄豆芥蓝炒虾仁

原材料 虾仁、黄豆各200克，枸杞适量，芥蓝50克

调味料 盐3克，油适量

做法

1. 将虾仁洗净沥干；将黄豆洗净沥干；将芥蓝洗净，取梗切丁。
2. 将油烧热，下入黄豆、芥蓝炒熟；再下入虾仁、枸杞，炒熟后加盐调味。

秘制腊八豆炒脆骨

原材料 腊八豆150克，脆骨300克，葱花、胡萝卜各少许

调味料 盐3克，油、酱油、醋各适量

做法

1. 将腊八豆洗净；将脆骨洗净，切条；将胡萝卜洗净，切片。
2. 热锅下油，放入脆骨翻炒片刻，再放入腊八豆一起炒，加盐、酱油、醋调味，待熟盛盘，撒上葱花即可。

黄豆炒猪皮

原材料 熟黄豆、胡萝卜丁、豆干丁、猪皮、葱花、姜片、蒜片各适量

调味料 酱油、油、料酒、花椒各适量

黄豆　　胡萝卜　　豆干

做法

1. 将猪皮余水；锅内加适量水，放花椒、葱、姜、蒜和猪皮，煮至猪皮熟时捞出切丁。

2. 油锅烧热，入葱、姜、蒜炒香，放胡萝卜丁、豆干丁、黄豆及肉皮丁翻炒，调入酱油、料酒，炒熟即可。

大厨献招：猪皮最好刮去里层的脂肪，以免过于油腻。

适合人群：一般人都可以食用，尤其适合女性食用。

红椒腊八豆

原材料 腊八豆250克，红椒30克，葱、水淀粉各适量

调味料 盐3克，油、醋各适量

做法

1. 将腊八豆洗净；将红椒去蒂洗净，切丁；将葱洗净，切葱花。
2. 热锅下油，放入腊八豆炒至五成熟时，放入红椒，加盐、醋炒至入味，待熟，以水淀粉勾芡，装盘，撒上葱花即可。

上海青黄豆牛肉汤

原材料 牛肉250克，黄豆100克，上海青6棵，葱花、姜片各5克，高汤适量

调味料 花生油20毫升，盐、香油各适量

做法

1. 将牛肉洗净、切丁、氽水备用；将黄豆泡发洗净；将上海青洗净。
2. 炒锅上火，倒入花生油，将葱花、姜片炝香，下入高汤，再加入牛肉、黄豆，调入盐，煲至熟，放上海青，淋入香油即可。

芥蓝拌腊八豆

原材料 芥蓝250克，腊八豆、红椒各适量

调味料 盐3克，味精2克，生抽、辣椒油各适量

做法

1. 芥蓝去皮，洗净，放入开水中烫熟，沥干水分，切丁。
2. 红椒洗净，切成丁，放入水中焯一下。
3. 将盐、味精、生抽、辣椒油调匀，淋在芥蓝上，加入红椒、腊八豆拌匀即可。

五香黄豆

原材料	黄豆500克
调味料	茴香、盐、桂皮、食用山柰各适量

做法

1. 将黄豆洗净，浸泡8小时后捞出沥干多余的水分。

2. 将所有调味料放入锅内，加适量水，放入泡发的黄豆，用小火慢煮至黄豆熟。

3. 待水被基本煮干后，锅离火，揭盖冷却即成五香黄豆。

黄豆

茴香

盐

大厨献招： 将黄豆泡软后炒菜，或煮汤，或凉拌都可。

适合人群： 一般人都可以食用，尤其适合老年人食用。

蚕豆

别名：胡豆、佛豆、川豆
性味：性平、味甘
适合人群：脑力工作者

食疗功效

增强免疫力

蚕豆含有蛋白质、碳水化合物、粗纤维、维生素 B_1、维生素 B_2、烟酸和钙、铁、磷、钾等多种矿物质，具有增强免疫力的功效。

提神健脑

蚕豆的磷和钾含量较高，能增强记忆力，特别适合脑力工作者食用。

降低血脂

蚕豆中的蛋白质可以延缓动脉硬化，其粗纤维能降低胆固醇，促进肠蠕动。

选购保存

质量好的蚕豆，是皮色浅绿、无虫眼、无杂质的。在装蚕豆的容器中放入蒜可保留较长时间。

♥ 温馨提示

蚕豆去壳：将干蚕豆放入陶瓷或搪瓷器皿内，加入适量的碱，倒上开水焖一分钟，即可将蚕豆皮剥去，但去皮的蚕豆要用水冲去其碱味。

食用禁忌		
忌	蚕豆 + 田螺	蚕豆富含油脂，田螺性寒，两者同食会引起肠绞痛
忌	蚕豆 + 牡蛎	牡蛎性寒，与蚕豆同食会引起腹泻，甚至引起中毒

营养黄金组合		
宜	蚕豆 + 白菜	白菜具有利尿、清肺热的功效，与蚕豆同食可利小便，对支气管炎有疗效
宜	蚕豆 + 枸杞	枸杞可养肝明目，与营养丰富的蚕豆同食，有清肝去火的功效

鲜蚕豆炒虾肉

原材料 蚕豆250克，虾肉80克
调味料 油、香油、生抽各适量，盐3克

做法

1. 将虾肉洗净，放入盐水中泡10分钟，捞出，沥干水分；将蚕豆去壳，洗净，放在开水锅中焯水，捞出，沥干水分。

2. 油锅烧热，将蚕豆放入锅内，翻炒至熟，盛盘待用。

3. 再将油锅烧热，加入虾肉、香油、生抽、盐炒香，倒在蚕豆上即可。

绍兴回味豆

| 原材料 | 蚕豆300克 |

| 调味料 | 油适量，盐3克，酱油8毫升 |

做法

1. 将蚕豆洗净，泡发，捞出沥水后，再下入油锅中炸至酥脆。
2. 再将炸酥的蚕豆放入锅中，加适量水煮至回软。
3. 调入盐、酱油拌匀即可。

鲜蚕豆炒腊肉

| 原材料 | 蚕豆250克，腊肉200克，红辣椒50克 |

| 调味料 | 盐3克，醋、油各适量 |

做法

1. 将蚕豆去皮，洗净备用；将腊肉泡发洗净，切片；将红辣椒去蒂洗净，切片。
2. 热锅下油，放入腊肉略炒，再放入蚕豆、红辣椒一起炒，加盐、醋调味，炒熟，装盘即可。

五香蚕豆

| 原材料 | 蚕豆300克，干红辣椒15克 |

| 调味料 | 盐3克，油、香油、五香粉各适量 |

做法

1. 将蚕豆洗净备用；将干红辣椒洗净，切成段。
2. 锅中加水，烧开，放入蚕豆煮熟后，捞出沥干，装盘。
3. 热锅下油，放入干红辣椒爆香，加盐、香油、五香粉翻炒均匀，淋在蚕豆上，拌匀即可。

清炒蚕豆

原材料 蚕豆300克，香菇、胡萝卜各100克，水淀粉适量

调味料 盐3克，油、醋各适量

做法

1. 将蚕豆去皮，洗净备用；将香菇洗净，切块；将胡萝卜去皮洗净，切片。

2. 热锅下油，放入蚕豆炒至五成熟时，再放入香菇、胡萝卜一起翻炒，加入盐、醋调味。

3. 待熟，用水淀粉勾芡，盛盘即可。

蚕豆　　香菇　　胡萝卜

大厨献招： 长得特别大的鲜香菇不要吃，因为大多是用激素催肥的。

适合人群： 一般人都可以食用，尤其适合女性食用。

泡红椒拌蚕豆

原材料 蚕豆300克，泡红椒20克
调味料 盐3克，香油10毫升

做法

1. 将蚕豆去外壳，再剥去豆皮，洗净。
2. 将泡红椒洗净，切小粒。
3. 将蚕豆放入蒸锅内隔水蒸熟，取出晾凉，放盘内，加入泡红椒粒、盐、香油，拌匀即成。

大厨献招： 拌蚕豆时加上少许蒜蓉，此菜味道更佳。
适合人群： 一般人都可食用。

雪里蕻蚕豆

原材料 蚕豆350克，雪里蕻100克，红椒少许
调味料 盐3克，油、酱油、醋各适量

做法

1. 将蚕豆去皮，洗净备用；将雪里蕻洗净，切碎；将红椒去蒂洗净，切片。
2. 热锅下油，放入蚕豆炒至五成熟，再放入雪里蕻翻炒均匀，加入适量盐、酱油、醋调味。
3. 炒至断生，用红椒点缀即可。

湘味蚕豆炒腊肉

原材料 蚕豆250克，腊肉200克，胡萝卜50克，香菜段5克，水淀粉适量
调味料 盐3克，油、醋各适量

做法

1. 将蚕豆去皮，洗净备用；将腊肉泡发洗净，切片；将胡萝卜洗净，切片。
2. 热锅下油，放入腊肉略炒，再放入蚕豆、胡萝卜一起炒，加盐、醋调味，待熟，用水淀粉勾芡，装盘，以香菜段装饰即可。

口蘑鲜蚕豆

原材料 蚕豆200克，胡萝卜200克，口蘑150克
调味料 盐3克，油、醋各适量

做法

1. 将蚕豆去皮，洗净备用；将胡萝卜洗净，切块；将口蘑洗净，切块。
2. 热锅下油，放入蚕豆略炒，再放入胡萝卜、口蘑，加盐、醋调味，炒至断生，装盘即可。

大厨献招：选购胡萝卜以体形圆直、表皮光滑、色泽橙红的为佳。
适合人群：一般人都可食用，尤其适合女性食用。

香葱五香蚕豆

原材料 蚕豆400克，葱、红椒各10克
调味料 盐3克，油、五香粉各适量

做法

1. 将蚕豆洗净备用；将葱洗净，切葱花；将红椒去蒂洗净，切末。
2. 锅中倒油，烧热，放入蚕豆炸至熟透，锅内留少许油，加盐、五香粉翻炒均匀，装盘。
3. 撒上葱花、红椒末即可。

培根炒蚕豆

原材料 蚕豆350克，培根150克，干红辣椒5克
调味料 盐3克，油适量

做法

1. 将蚕豆去皮，洗净备用；将培根洗净，切丝；将干红辣椒洗净，切段。
2. 锅中下油，烧热，放入蚕豆翻炒，加盐调味，炒至断生，装盘。
3. 另起锅，入干红辣椒爆香，再放入培根，炒熟后盛在蚕豆上即可。

回味豆

原材料 蚕豆400克，豌豆50克
调味料 盐3克，醋5毫升，红油适量

做法

1. 将蚕豆、豌豆均洗净备用。
2. 锅中加水，烧开，放入蚕豆、豌豆，加盐、红油、醋调味，一起煮熟，起锅装盘即可食用。

大厨献招：可根据个人口味，加适量青菜一起烹饪。
适合人群：一般人都可食用，尤其适合男性食用。

巴蜀蚕豆

原材料 蚕豆250克，红辣椒、葱花各适量
调味料 盐3克，辣椒酱、酱油、醋各适量

做法

1. 将蚕豆洗净，备用；将红辣椒去蒂洗净，切圈备用。
2. 锅中加水，烧开，放入蚕豆煮熟，捞出沥干，装盘。
3. 加盐、辣椒酱、酱油、醋、红辣椒、葱花拌匀即可食用。

风味蚕豆

原材料 蚕豆300克，淀粉适量
调味料 盐3克，油、胡椒粉、孜然各适量

做法

1. 将蚕豆洗净，将淀粉加适量水搅匀，加盐，与蚕豆混合均匀。
2. 锅中下油，烧热，放入蚕豆炸至熟透，捞出控油。
3. 锅留少许油，放入蚕豆，加盐、胡椒粉、孜然炒匀，盛盘即可。

青豆

别名：毛豆、青黄豆
性味：性平、味甘
适合人群：前列腺炎患者

食疗功效

提神健脑

青豆中的卵磷脂是大脑发育不可缺少的营养成分之一，有助于记忆力和智力的提高。

排毒瘦身

青豆含有丰富的食物纤维，能改善便秘，排毒瘦身。

开胃消食

青豆中的钾含量很高，可以缓解疲乏无力和食欲下降。

补血养颜

青豆的含铁量比较高，也容易被吸收，是预防贫血非常好的食物，有补血养颜之功效。

选购保存

应选购豆粒饱满、颜色青翠的。将青豆放在塑胶袋中，放入冰箱冷藏就能保存 5~7 天。

♥ 温馨提示

将青豆放锅中焖煮几分钟，再倒入凉水中搓洗，这样就容易剥掉皮了。

食用禁忌		
忌	青豆 + 黄鱼	青豆与黄鱼同食，会破坏青豆中的维生素 B$_1$
忌	青豆 + 牛肝	青豆与牛肝同食，会降低营养价值；幼儿、尿毒症患者忌食

营养黄金组合		
宜	青豆 + 牛肉	青豆含有丰富的 B 族维生素，和牛肉同时食用，营养更丰富
宜	青豆 + 莲藕	青豆与莲藕同食，可以清肺利咽、调中开胃

五香青豆

原材料 青豆350克，葱段适量
调味料 盐、桂皮、八角、五香粉各适量

做法

1. 将青豆洗净后捞出。
2. 将桂皮、八角均洗净备用。
3. 在锅中放入清水，加入青豆、葱段、桂皮、八角、盐，煮至青豆烂，撒上五香粉即可。

盐水青豆

| 原材料 | 青豆荚500克,红辣椒2个 |
| 调味料 | 盐8克,花椒15克 |

做法

1. 将青豆荚洗净,沥去水分,用剪刀剪去两端的尖角(使青豆荚更好地进味);将红辣椒洗净切段。
2. 将剪好的青豆荚放入锅中,放入花椒、红辣椒和盐,加清水至与青豆持平。
3. 用旺火加盖煮20分钟后捞出,待凉后即可食用。

糟香青豆

| 原材料 | 青豆荚400克,葱、姜各50克 |
| 调味料 | 糟油20毫升,白糖50克,盐6克,花雕酒800毫升,茴香、桂皮、香叶、甘草、陈皮各5克,丁香1克 |

做法

1. 将青豆荚洗净,剪去两头,放入锅中,用清水煮15分钟,捞出沥干备用。
2. 将所有调味料加适量清水中,放入葱姜烧开,待冷却后滤清,即成糟卤;将青豆荚浸在糟卤里2小时,捞出装盘即成。

风味辣青豆

| 原材料 | 青豆荚500克,蒜末、干红辣椒段各2克 |
| 调味料 | 盐适量,红油10毫升,辣椒油3毫升,八角10克,桂皮15克 |

做法

1. 将青豆荚洗净,剪去两端尖角。
2. 锅中加水,放入八角、桂皮、干红辣椒及适量盐烧开,再下入青豆荚。
3. 青豆荚煮熟后,捞出装盘,再淋上辣椒油、红油,加入蒜末,拌匀即可。

菜心青豆

原材料 青豆200克，菜心150克，红辣椒块适量
调味料 盐3克，芝麻油适量

做法

1. 将菜心、青豆洗净备用。
2. 将菜心放入开水中稍烫，捞出，沥干水分，切小段；将青豆在加盐的开水中煮熟，捞出。
3. 将上述材料放入容器内，加盐、芝麻油搅拌均匀，装盘，以红辣椒点缀即可。

青豆　　　菜心　　　红辣椒

大厨献招：菜心不能氽烫太长时间，以免营养成分流失。

适合人群：一般人都可以食用，尤其适合儿童食用。

双味青豆

原材料 青豆荚350克
调味料 盐5克，糖10克

做法

1. 将青豆荚洗净，剪去两头，放入锅中，加盐、糖，用大火煮15分钟。
2. 将煮好的青豆荚放在锅中焖30分钟，捞出装盘即成。

素八宝

原材料 青豆150克，花生、杏仁各80克，胡萝卜、莴笋各50克
调味料 盐3克，香油适量

做法

1. 将青豆、花生、杏仁均洗净；将胡萝卜洗净，切丁；将莴笋去皮洗净，切丁。
2. 锅中加水，烧开，分别将青豆、花生、杏仁、胡萝卜、莴笋汆水后，捞出沥干水分，装盘。
3. 加盐、香油拌匀即可。

枸杞拌青豆

原材料 青豆350克，枸杞50克，葱末、蒜泥各10克
调味料 辣椒油10毫升，酱油、醋各5毫升，盐3克

做法

1. 将青豆、枸杞洗净，一起放进锅中，加盐煮熟，盛出装盘。
2. 锅中倒入辣椒油，放入盐、蒜泥、酱油、醋炒香，出锅浇在青豆、枸杞上，再撒上葱末即成。

豉香青豆

原材料 青豆100克，红辣椒50克，香菜适量
调味料 油、豆豉、盐、香油各适量

做法

1. 将青豆洗净后入沸水锅略烫捞出；将红辣椒洗净切片。
2. 锅内加油烧热，加入豆豉煸香，加青豆、盐炒匀，淋上香油，最后以红辣椒、香菜点缀即可。

萝卜干青豆

原材料 萝卜干100克，青豆100克，红辣椒适量
调味料 盐3克，白酒、油各适量

做法

1. 将萝卜干洗净切小段；将红辣椒洗净切碎；将青豆洗净。
2. 把萝卜干、青豆放入开水中，余后控水盛起。
3. 锅中放油，油热后放入红辣椒爆香，放入萝卜干、青豆翻炒至熟，加其他调味料调味即可。

红椒拌青豆

原材料 红椒100克，青豆200克
调味料 盐3克，醋、香油各适量

做法

1. 将红椒洗净，切小块，用热水稍焯后，捞起沥干待用；将青豆洗净。
2. 锅内注水烧沸，加入青豆焯熟后，捞起沥干并装入盘中，再放入红椒。
3. 盘中加入盐、醋、香油，搅拌均匀即可食用。

美味青豆腐竹

原材料 青豆100克,萝卜干100克,红辣椒、腐竹各适量

调味料 盐3克,醋、香油各适量

做法

1. 将腐竹洗净泡发,切小段;将红辣椒、萝卜干洗净切斜段;将青豆洗净。
2. 把青豆、腐竹、萝卜干、红辣椒放入沸水中汆后控水盛起。
3. 加盐、醋、香油拌匀即可。

生菜拌青豆

原材料 生菜150克,红椒50克,鲜青豆200克

调味料 盐3克,生抽8毫升

做法

1. 将红椒洗净,切小块;将生菜洗净,撕成小块;将青豆洗净备用。
2. 将红椒、生菜放入开水稍烫后,捞出,沥干水分;将青豆放在加了盐的开水中煮熟,捞出。
3. 将上述材料放入容器,加盐、生抽搅拌均匀,装盘即可。

美味香青豆

原材料 青豆荚350克,干红辣椒50克

调味料 盐3克,八角5克,油适量

做法

1. 将青豆荚洗净,剪去两端尖角,放入开水锅中煮熟,捞出沥干待用;将干红辣椒洗净,切段;将八角洗净,沥干。
2. 锅置火上,注油烧热,下入干红辣椒和八角爆香,再加入青豆荚翻炒均匀。
3. 加入盐调味,装盘。

周庄咸菜青豆

原材料 咸菜400克，鲜青豆200克，蒜蓉10克
调味料 盐2克，油适量

做法

1. 将咸菜洗净，沥干水分，切碎；将青豆洗净，焯水待用。
2. 炒锅加油，烧至七成热，下入蒜蓉炒香，倒入咸菜翻炒至八成熟，再加入青豆一同翻炒。
3. 最后加盐调味即可。

芥菜青豆

原材料 芥菜350克，青豆250克，青椒、红椒各10克
调味料 盐3克，油适量

做法

1. 将芥菜洗净，切碎；将青豆焯水，沥干；将青椒洗净，切丁；将红椒洗净，切丁。
2. 锅中注油烧热，下入青豆滑炒，再加入芥菜翻炒至熟，加入青椒丁、红椒丁一同翻炒；最后加盐调味，起锅装盘。

青豆核桃仁

原材料 青豆350克，核桃仁200克，蒜蓉适量
调味料 盐3克，香油、油各适量

做法

1. 将青豆洗净，沥干待用；将核桃仁洗净，焯水待用。
2. 锅置火上，注油烧热，下入蒜蓉炒香，倒入青豆滑炒后加入核桃仁翻炒至熟。
3. 最后加入盐调味，起锅装盘，淋上适量香油即可食用。

风味青豆

原材料 鲜青豆荚300克，糟卤500毫升，红椒丝适量
调味料 盐3克，香叶2片，绍酒适量

青豆荚　　　红椒　　　盐

做法

1. 将新鲜青豆荚剪去两端，放入开水中汆烫，捞出后再放入冷水中冲凉备用。
2. 将糟卤、盐、香叶、绍酒放在一起搅拌均匀。
3. 将青豆荚放入糟卤中，入冰柜冰2小时，撒上红椒丝即可。

大厨献招：加入适量白糖，会让此菜更美味。

适合人群：一般人都可以食用，尤其适合儿童食用。

红椒冲菜炒青豆

原材料 冲菜、青豆各200克，红椒适量
调味料 盐3克，油、醋各适量

做法

1. 将冲菜洗净，放入开水中氽后沥水切碎；将红椒洗净切末；将青豆洗净。
2. 油锅加热，倒入红椒和青豆，翻炒片刻后倒入冲菜。
3. 炒熟时加盐和醋调味即可。

盐菜拌青豆

原材料 盐菜、青豆、红椒各适量
调味料 盐3克，酱油2毫升

做法

1. 将盐菜剁碎；将青豆洗净，沥干；将红椒洗净切块。
2. 锅中注水烧开，加盐和青豆煮熟，捞出沥干。
3. 将盐菜和青豆、红椒放入盘中，倒入酱油拌匀即可。

青豆烩丝瓜

原材料 青豆350克，丝瓜400克，青辣椒、红辣椒各15克，蒜、葱白各15克，高汤75毫升
调味料 盐3克，油适量

做法

1. 将丝瓜削皮洗净，斜切成块；将青辣椒、红辣椒洗净，切圈；将葱白洗净，切成段；将蒜去皮洗净；将青豆洗净。
2. 锅中倒油烧至五成热，炒香葱、蒜、青辣椒、红辣椒，再放入青豆、丝瓜炒熟；倒入高汤，烧至汤汁将干，加盐。

香葱臊子炒青豆

原材料 青豆200克，猪肉100克，葱花、干红辣椒适量

调味料 盐3克，油、豆豉、酱油各适量

做法

1. 将猪肉洗净切末，用盐、酱油腌渍；将干红辣椒洗净切碎；将青豆洗净。
2. 油锅加热，倒入青豆和干红辣椒，加盐翻炒片刻后倒入肉末，放入豆豉。
3. 炒熟后撒入葱花即可。

丝瓜青豆

原材料 青豆、丝瓜各适量，红椒1个

调味料 盐5克，油适量

做法

1. 将丝瓜去皮切块；将青豆洗净；将红椒洗净，去蒂去籽，切斜片。
2. 锅中入油，烧至五成热，入丝瓜过油30秒起锅；将青豆入沸水中焯烫后捞出。
3. 锅中放油烧热，先爆香红椒片，再加入丝瓜、青豆翻炒至熟，调入盐，炒2分钟即可食用。

脆萝卜炒青豆

原材料 青豆200克，白萝卜100克，红椒10克

调味料 盐3克，油、酱油各适量

做法

1. 将白萝卜洗净切丁；将红椒洗净切碎；将青豆洗净。
2. 油锅加热，倒入红椒、青豆、萝卜丁，加盐翻炒片刻，淋酱油即可。

青豆鸡蛋沙拉

原材料 青豆50克，胡萝卜20克，白菜20克，鸡蛋1个

调味料 沙拉酱适量

做法

1. 将青豆洗净；将胡萝卜洗净，切块；将白菜洗净，切条；将鸡蛋煮熟对切。
2. 将青豆、胡萝卜、白菜分别放入沸水中焯熟，与鸡蛋一起装盘，拌上沙拉酱，搅拌均匀即可食用。

雪里蕻青豆

原材料 青豆200克，雪里蕻200克，红椒少许

调味料 盐3克，油、酱油、醋各适量

做法

1. 将青豆洗净备用；将雪里蕻洗净，切碎；将红椒去蒂，洗净，切圈。
2. 热锅下油，放入青豆略炒，再放入雪里蕻、红椒一起炒，加盐、酱油、醋调味，炒至断生，装盘即可。

青豆炒河虾

原材料 河虾、青豆各150克，红椒适量

调味料 盐3克，香油10毫升，油适量

做法

1. 将河虾洗净；将青豆洗净，下入沸水锅中煮至八成熟时捞出；将红椒洗净，切成块。
2. 油锅烧热，下河虾爆炒，入青豆炒熟，放红椒同炒片刻。
3. 调入盐炒匀，淋入香油即可。

素炒五仁

原材料 青豆50克，花生仁、玉米粒、松仁、莲子各30克

调味料 白糖、盐各5克，油适量

做法

1. 将青豆、花生仁、玉米粒、松仁、莲子分别洗净，一起放入锅里煮熟。
2. 锅中放油烧热，放入煮熟的青豆、花生仁、玉米粒、松仁、莲子炒匀。
3. 加盐、白糖调味即可。

青豆

花生仁

玉米粒

大厨献招： 煮青豆和花生仁的时候加入少许盐，会更入味。

适合人群： 一般人都可以食用，尤其适合儿童食用。

青豆炒滑子菇

原材料 青豆、泡红椒各适量，滑子菇150克，葱花、蒜末、水淀粉各适量
调味料 油、酱油、盐、香油各适量

青豆　　滑子菇　　盐

做法

1. 将泡红椒洗净；将滑子菇先用水泡10分钟再焯水；将青豆洗净焯水。

2. 锅里放适量的油，放入葱花、蒜末、泡红椒煸香，下入滑子菇、青豆翻炒，调入酱油、盐，快出锅时用水淀粉勾芡，淋入香油即可。

大厨献招： 加入适量肉末，会让此菜味道更佳。

适合人群： 一般人都可食用，尤其适合女性食用。

银杏青豆

原材料 银杏100克，青豆100克，胡萝卜100克
调味料 盐3克，醋、香油各适量

做法

1. 将胡萝卜洗净，切丁；将银杏、青豆分别洗净。
2. 把胡萝卜、银杏、青豆放入沸水中氽烫后控水，一起放入盘中。
3. 加盐、醋、香油调味即可。

蒜薹炒青豆

原材料 鲜嫩青豆250克，蒜薹150克，水淀粉10毫升，红椒1个，清汤适量
调味料 白糖10克，盐、油、香油各适量

做法

1. 将蒜薹洗净切段；将青豆洗净；将红椒洗净切丝；锅中加油烧热，倒入蒜薹和青豆炒至色泽碧绿、断生时捞出。
2. 原锅内舀入清汤，加白糖和盐，放入蒜薹和青豆烧沸，用水淀粉调稀勾芡，撒上红椒丝，淋上香油即成。

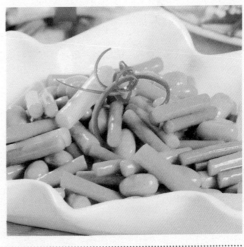

青豆炒辣椒末

原材料 青豆350克，红辣椒、蒜各适量
调味料 油、盐、酱油、醋各适量

做法

1. 将青豆洗净；将红辣椒去蒂洗净，切末；将蒜去皮洗净，切末。
2. 热锅下油，放入蒜、红辣椒炒香，放入青豆翻炒，加盐、酱油、醋炒至入味，待熟，装盘即可。

时蔬青豆

原材料 青豆150克，白菜100克，白萝卜200克，红椒少许

调味料 盐3克，油、醋各适量

做法

1. 将青豆洗净；将白菜洗净，切碎；将白萝卜去皮洗净，切片；将红椒去蒂洗净，切末。
2. 热锅下油，放入青豆、白萝卜翻炒片刻，再放入白菜、红椒，加盐、醋调味，炒熟装盘即可。

青豆炒胡萝卜丁

原材料 青豆、胡萝卜、莲藕各100克，水淀粉适量

调味料 盐3克，油适量

做法

1. 将青豆洗净；将胡萝卜洗净，切丁；将莲藕去皮洗净，切丁。
2. 热锅下油，放入青豆、胡萝卜、莲藕一起炒至五成熟时，加盐炒至入味，待熟，用水淀粉勾芡，装盘即可。

家乡腌豆

原材料 青豆50克，蚕豆50克，腰果50克，花生、胡萝卜、黄瓜各适量

调味料 盐3克，白糖、白酒各适量

做法

1. 将胡萝卜、黄瓜洗净切丁；将青豆、蚕豆、腰果、花生洗净。
2. 锅里加适量清水，放入盐、白糖、白酒煮开，凉透后倒入容器中。
3. 把原材料放入容器中密封，腌一段时间即可。

番茄玉米炒青豆

原材料 青豆150克，玉米、番茄、山药各100克
调味料 盐3克，油适量

做法

1. 将青豆、玉米均洗净；将番茄洗净，切丁；将山药去皮洗净，切丁。

2. 热锅下油，放入青豆、玉米、山药炒至五成熟，再放入番茄一起炒，加盐调味，炒熟，装盘即可。

青豆

玉米

番茄

大厨献招：番茄不宜烹饪过久，入锅略炒即可。

适合人群：一般人都可以食用，尤其适合女性食用。

青豆烧茄片

原材料 青豆75克，茄子400克，葱花、鲜汤、水淀粉、姜片、蒜各适量

调味料 油、料酒、糖、酱油各适量

做法

1. 将茄子洗净，去皮切片；将青豆去壳，洗净煮熟；将料酒、糖、酱油、水淀粉、鲜汤、葱花、姜片、蒜调成味汁。
2. 锅中放油，烧至四成热时，放入茄子炸成金黄色后捞出，另起油锅放入茄子，加青豆、味汁翻炒即可出锅。

盐水青豆瘦肉煲

原材料 青豆荚300克，猪瘦肉75克，葱花、姜片各4克

调味料 盐3克，八角2个

做法

1. 将鲜青豆荚用水洗净；将猪瘦肉用水洗净，切块备用。
2. 净锅上火，倒入水，调入盐、葱花、姜片、八角，烧开，下入猪瘦肉、鲜青豆荚煲至熟即可。

家乡青豆烧茄子

原材料 青豆300克，茄子、红椒各适量

调味料 盐3克，油、醋各适量

做法

1. 将青豆洗净备用；将茄子去蒂洗净，切丁；将红椒去蒂洗净，切丁。
2. 热锅下油，放入青豆、茄子一起翻炒片刻，放入红椒，加盐、醋炒匀。
3. 加适量清水，烧至熟透，装盘即可。

扁豆

别名：白扁豆、峨眉豆
性味：性微温、味甘
适合人群：消化不良者

食疗功效

开胃消食

扁豆含有的维生素 B_5，能制造抗体，在增强食欲方面有很好的效果。

排毒瘦身

扁豆富含的膳食纤维，有促进肠道蠕动的作用，可以排出体内的毒素。

选购保存

要选择完整、新鲜的扁豆食用。将扁豆用保鲜膜封好，放入冰箱中，可长期保存。

♥ **温馨提示**

为防止中毒，可将扁豆用沸水焯透或热油煸，直至变色熟透，方可安全食用；烹调前应将豆筋摘除，否则既影响口感，又不易被消化。

食用禁忌		
忌	扁豆 + 优降宁	扁豆与优降宁同食，会降低药效、升高血压
忌	扁豆 + 火麻仁	扁豆与火麻仁同食，会功效相抵。尿路结石者忌食

营养黄金组合		
宜	扁豆 + 猪肉	扁豆与猪肉同食，有健脾化湿、增强体质的功效
宜	扁豆 + 土豆	扁豆与土豆同食，可防治急性肠胃炎、呕吐腹泻

扁豆焖面

原材料 面条、扁豆各200克，猪肉、番茄、蒜末各适量

调味料 盐、酱油、油各适量

做法

1. 将扁豆洗净切段；将番茄洗净切块；将猪肉洗净切片。
2. 油锅烧热，下蒜末爆香，放入猪肉、番茄、扁豆爆炒，加入盐、酱油，然后加水淹没菜；水开后撒入面条，焖熟。

扁豆炖排骨

原材料 排骨500克，扁豆200克

调味料 盐3克，醋8毫升，老抽15毫升，油、白糖各适量

做法

1. 将扁豆洗净，切去头尾；将排骨洗净，剁块。
2. 油锅烧热，放入排骨翻炒至金黄色时，调入盐，再放扁豆，并烹入醋、老抽、白糖，焖煮。
3. 至汤汁收浓时，起锅装盘即可。

扁豆

排骨

白糖

大厨献招：一定要将扁豆择去老筋。

适合人群：一般人都可以食用，尤其适合老年人食用。

四季豆

别名：芸扁豆、豆角
性味：性平、味甘
适合人群：一般人均可食用

食疗功效

降低胆固醇

四季豆中含有的可溶性纤维可降低胆固醇，且还富含维生素 A 和维生素 C。

增强免疫力

四季豆含有皂苷、尿毒酶和多种球蛋白等独特成分，能提高人体自身的免疫力，增加抗病能力。

排毒瘦身

四季豆中的皂苷类物质能降低脂肪吸收功能，起到排毒瘦身的功效。

选购保存

以豆条粗细均匀、色泽鲜艳、籽粒饱满的四季豆为佳。四季豆通常直接放在塑料袋中冷藏。

♥ 温馨提示

四季豆含有大量的皂苷和血球凝集素。食用时若没有熟透，则会发生中毒。如果想保存得更久一点，最好将四季豆洗净，用盐水焯烫后沥干，再放入冰箱中冷冻。切记水分一定要沥干，这样冷冻过的四季豆才不会黏在一起。

食用禁忌

忌	四季豆 + 咸鱼	四季豆与咸鱼同食，会影响人体对钙的吸收
忌	四季豆 + 醋	两者同食，会破坏类胡萝卜素，使得营养流失

营养黄金组合

宜	四季豆 + 鸡胗	四季豆与鸡胗搭配同食，具有清凉利尿、消肿、助消化的作用，也能增强人体免疫功能
宜	四季豆 + 鸡蛋	鸡蛋含有丰富的蛋白质，四季豆与鸡蛋同食，可以为人体提供丰富的营养

肉煲四季豆

原材料 四季豆400克，猪肉150克，干红辣椒15克，蒜5克

调味料 盐3克，油、酱油各适量

做法

1. 将四季豆去掉老筋洗净，斜刀切段；将猪肉洗净，切片；将蒜去皮洗净，切末；将干红辣椒洗净，切段。

2. 热锅下油，放入蒜、干红辣椒爆香，放入猪肉略炒，再放入四季豆炒匀，加盐、酱油炒熟，盛入砂煲中即可。

四季豆拌青木瓜

原材料 青木瓜400克，红辣椒、四季豆各20克，香菜段20克，熟花生仁适量

调味料 盐3克，红油适量

做法

1. 将青木瓜去皮，洗净，切丝；将红辣椒洗净，切碎；将四季豆洗净，切斜段。
2. 烧开水，放入青木瓜、四季豆，焯烫至断生，捞起，盛于碟中。
3. 放入香菜段、红辣椒、熟花生仁，调入盐，拌匀；再倒入红油，搅拌均匀即可。

风味干煸四季豆

原材料 四季豆400克，猪肉100克

调味料 盐3克，油、辣椒酱、酱油各适量

做法

1. 将四季豆去掉老筋洗净，切段；将猪肉洗净，切末。
2. 热锅下油，放入猪肉略炒，再放入四季豆煸炒片刻，加盐、辣椒酱、酱油炒至入味，待熟，装盘即可。

健康菌炒四季豆

原材料 四季豆、猪肉、菌杆各150克，熟白芝麻、红椒、黄椒、圣女果、淀粉各适量

调味料 盐3克，油、酱油各适量

做法

1. 将四季豆洗净切段；将猪肉剁蓉；将菌杆、红椒、黄椒、圣女果洗净切好。
2. 将猪肉加盐与淀粉拌匀，放在四季豆中；锅中加油，烧热，放入四季豆煎至熟透，摆盘，淋酱油，撒上熟白芝麻；另起油锅，放入菌杆、红椒、黄椒煸炒至熟，加调味料，装盘，将圣女果摆盘。

辣椒炒四季豆

原材料 四季豆400克，橄榄菜50克，红椒20克，猪肉15克

调味料 盐3克，油、酱油各适量

做法

1. 将四季豆去掉老筋洗净，切小段；将橄榄菜洗净，切碎；将猪肉洗净，切末；将红椒去蒂洗净，切丁。
2. 热锅下油，放入猪肉略炒，再放入四季豆、橄榄菜、红椒一起炒，加盐、酱油炒至入味，待熟，盛盘即可。

四季豆炒萝卜丁

原材料 四季豆400克，胡萝卜100克，蒜10克，橄榄菜少许

调味料 盐3克，酱油、油各适量

做法

1. 将四季豆去掉老筋，洗净，切小段；将胡萝卜洗净，切丁；将橄榄菜洗净，切碎；将蒜去皮，洗净，切末。
2. 锅中加油，烧热，放入蒜炒香，放入四季豆、胡萝卜、橄榄菜，加盐、酱油炒至入味，待熟，盛盘即可。

清炒橄榄四季豆

原材料 四季豆400克，橄榄菜50克

调味料 盐3克，酱油、油各适量

做法

1. 将四季豆去掉老筋，洗净，切小段；将橄榄菜洗净，切碎。
2. 热锅下油，放入四季豆、橄榄菜一起翻炒，加盐、酱油调味，炒至熟透，起锅装盘即可。

干菜四季豆

原材料 四季豆400克，干菜80克

调味料 盐3克，油、酱油各适量

做法

1. 将四季豆去掉老筋洗净，切段；将干菜泡发洗净，切末。
2. 热锅下油，放入四季豆、干菜一同翻炒至五成熟时，加盐、酱油炒至入味，待熟，起锅装盘即可。

茄皮四季豆

原材料 四季豆、茄子各200克，青椒、红椒各50克

调味料 盐3克，油、酱油各适量

做法

1. 将四季豆去掉老筋洗净，切丝；将茄子取皮洗净，切丝；将青椒、红椒均去蒂洗净，切成丝。
2. 热锅下油，放入四季豆、茄皮炒至五成熟时，放入青椒、红椒翻炒，加盐、酱油，待熟，装盘即可。

铁板焗四季豆

原材料 四季豆300克，猪肉150克，洋葱100克，红椒、黄椒各50克

调味料 盐3克，油、辣椒酱各适量

做法

1. 将四季豆去掉老筋洗净，切段；将猪肉洗净切丝；将洋葱洗净切圈，铺在铁板上；将红椒、黄椒均去蒂洗净，切条。
2. 热锅下油，放猪肉略炒，再放入四季豆、红椒、黄椒，加调味料，炒至八分熟，盛在铁板上，加水将洋葱烧熟。

四季豆鸭肚

原材料 四季豆60克，鸭肚50克，红椒、大葱各15克

调味料 盐4克，油、生抽、香油各适量

做法

1. 将四季豆洗净，撕去豆荚，入开水中烫熟，捞起，盛盘；将红椒、鸭肚、大葱洗净，切丝。
2. 油锅烧热，下鸭肚煸炒，放入红椒、大葱炒香，加水焖3分钟，放盐、生抽、香油调味，翻炒均匀，盛盘即可。

宁波烤四季豆

原材料 四季豆300克，红辣椒少许

调味料 盐3克，酱油适量

做法

1. 将四季豆去掉老筋洗净，切段；将红辣椒去蒂洗净，备用。
2. 将四季豆加盐、酱油拌匀，摆好盘，将红辣椒放在四季豆上，入烤箱，烤至熟透，取出即可。

特色焖四季豆

原材料 四季豆300克，五花肉200克，红椒少许

调味料 盐2克，油、辣椒酱、酱油各适量

做法

1. 将四季豆去掉老筋洗净，切段；将五花肉洗净切块；将红椒去蒂洗净，切片。
2. 锅中加油，烧热，放入五花肉炒至出油，再放入四季豆、红椒一起炒，加调味料炒至入味，稍微加点水，待熟，装盘即可。

豌豆

别名：麦豌豆、寒豆
性味：性平、味甘、无毒
适合人群：一般人均可食用

食疗功效

增强免疫力

豌豆不仅蛋白质含量丰富，且包括了人体所必需的8种氨基酸。

防癌抗癌

豌豆含有丰富的维生素C，不仅能抗维生素C缺乏症，还能阻断人体中亚硝胺的合成，阻断外来致癌物的活化，解除外来致癌物的致癌毒性。

美容养颜

豌豆所含的维生素C还具有美容养颜的功效。

选购保存

豌豆以色泽嫩绿、柔软、颗粒饱满者为佳。将豌豆装入有盖容器，置于阴凉、干燥、通风处保存。

♥ 温馨提示

冷冻的豌豆需要解冻后方能烹饪。将冷冻的豌豆放入塑料筐中，打开自来水管，用自来水快速冲洗两遍，豌豆上没有冰碴儿即可烹饪。豌豆可以水煮食用，也可直接炒食。

食用禁忌		
忌	豌豆 + 酸奶	豌豆不宜与酸奶同食，否则会降低营养价值。豌豆多食会发生腹胀，易产气，慢性胰腺炎患者忌食

营养黄金组合		
宜	豌豆 + 大米	豌豆可与大米熬煮成粥，搭配食用可以增强人体免疫力
宜	豌豆 + 小麦	小麦和豌豆中的丁酸盐含量都很丰富，能直接抑制大肠细菌的繁殖，是癌细胞生长的强效抑制物

腊肉丁炒豌豆

原材料 腊肉100克，豌豆200克，胡萝卜适量
调味料 盐3克，油、醋各适量

做法

1. 将腊肉、胡萝卜洗净，切成丁；将豌豆洗净。
2. 油锅加热，倒入豌豆和胡萝卜，加盐翻炒片刻后放入腊肉，淋入适量醋，炒熟即可。

豌豆炒牛肉

原材料 牛肉300克，豌豆150克，胡萝卜、水淀粉、葱花、姜末、蒜末各适量

调味料 油、醋、盐、酱油、白糖各适量

牛肉　　豌豆　　胡萝卜

做法

1. 将牛肉、胡萝卜均洗净，切丁；将豌豆洗净，沥干水，入油锅炸熟。

2. 油锅烧热，入葱花、姜末、蒜末爆香，加入牛肉丁，炒至变色时放入胡萝卜丁翻炒约3分钟，再调入调味料，用水淀粉勾芡，最后下入炸好的豌豆炒匀。

大厨献招： 将生豌豆直接放入冰箱冷藏，可延长保存期。

适合人群： 一般人都可以食用，尤其适合孕产妇食用。

高汤腊肉豌豆

原材料 腊肉100克，豌豆、高汤各适量
调味料 盐3克，油、醋各适量

做法

1. 将腊肉洗净切丁；将豌豆洗净。
2. 油锅加热，倒入豌豆，加盐翻炒后放入腊肉，加适量高汤。
3. 炒熟后淋醋即可。

> **大厨献招：** 加入辣椒粉，味道会更佳。
> **适合人群：** 一般人都可以食用。

豌豆炒腊肉

原材料 腊肉100克，豌豆200克
调味料 盐3克，油、胡椒粉、醋各适量

做法

1. 将腊肉洗净切丁；豌豆洗净。
2. 油锅加热，倒入豌豆，加盐翻炒后放入腊肉，淋醋，撒胡椒粉，炒熟即可。

> **大厨献招：** 加入辣椒粉，味道会更佳。
> **适合人群：** 一般人都可以食用。

橄榄菜炒豌豆

原材料 橄榄菜100克，豌豆200克，干红辣椒适量
调味料 盐3克，油、酱油、醋各适量

做法

1. 将橄榄菜洗净切碎；将豌豆洗净；将干红辣椒洗净切段。
2. 油锅加热，倒入干红辣椒、豌豆，翻炒几遍后放入橄榄菜，加盐、酱油和醋，炒熟即可。

玉米笋豌豆沙拉

原材料 玉米笋50克，豌豆30克，红腰豆30克，胡萝卜20克，荆芥10克

调味料 沙拉酱适量

做法

1. 将玉米笋清洗干净切段；将豌豆、红腰豆洗净备用；将胡萝卜洗净切丁；将荆芥用水洗净备用。
2. 将玉米笋、豌豆、红腰豆、胡萝卜放入开水中焯熟，装盘。
3. 拌上沙拉酱，用荆芥装饰即可。

萝卜干炒豌豆

原材料 豌豆150克，萝卜干250克，干红辣椒15克，蒜蓉5克

调味料 盐3克，油适量

做法

1. 将豌豆洗净，焯熟待用；将萝卜干浸泡20分钟，洗净，切小段；将干红辣椒洗净，切碎备用。
2. 热锅下油，放入蒜蓉和干红辣椒炒香，倒入萝卜干爆炒片刻，再加入豌豆同炒；加盐调味，起锅装盘即可。

翡翠牛肉粒

原材料 豌豆300克，牛肉100克，银杏20克

调味料 盐3克，油适量

做法

1. 将豌豆、银杏分别洗净沥干；将牛肉洗净切粒。
2. 锅中倒油烧热，下入牛肉炒至变色，盛出备用。
3. 净锅再倒油烧热，下入豌豆和银杏炒熟，倒入牛肉炒匀，加盐调味即可。

松香鸭粒

原材料 松子仁、豌豆各200克，鸭肉300克，胡萝卜100克

调味料 料酒6毫升，盐3克，油适量

做法

1. 将鸭肉洗净，切成粒；将胡萝卜去皮，洗净，切成丁。
2. 锅中加油烧热，倒入松子仁翻炒至金黄，盛盘，晾凉；另起油锅烧热，倒入鸭肉粒、豌豆、胡萝卜丁，炒熟后，倒入松子仁，加入调味料翻炒，出锅。

松仁玉米炒豌豆

原材料 松子仁、豌豆、罐装玉米粒、鱼肉各200克，胡萝卜100克，淀粉适量

调味料 盐3克，油、料酒各适量

做法

1. 将鱼肉剁碎，加入料酒、盐、淀粉，拌匀；将胡萝卜切丁；炒锅倒油烧至四成热，下入鱼肉划散至成形后，出锅沥油。
2. 另起油锅烧热，倒入豌豆、胡萝卜丁、玉米粒同炒后，将鱼肉回锅炒，最后加入松子仁、水、盐，炒匀后，装盘。

豌豆炒鱼丁

原材料 腰豆、银杏各200克，鱼肉、豌豆各300克，蒜蓉15克

调味料 盐3克，油适量

做法

1. 将鱼肉洗净，切成丁；将腰豆、银杏、豌豆洗净，入沸水锅焯熟后捞出。
2. 油锅烧热，倒入鱼肉过油后捞出沥干；另起油锅烧热，加入豌豆、腰豆、银杏、蒜蓉翻炒，将鱼肉回锅继续翻炒至熟。
3. 加入盐炒匀，起锅即可。

煎豆辣牛肉

原材料 牛肉350克，酥脆豌豆300克，青椒、红椒各30克，淀粉适量

调味料 盐3克，糖、油各适量

牛肉　　　豌豆　　　青椒

做法

1. 将牛肉洗净，切小块，加糖、淀粉、油拌匀；将青椒、红椒洗净，切小块。
2. 锅中倒油烧热，倒入牛肉煸炒到变色，再下入青椒、红椒、酥脆豌豆炒匀。
3. 加入盐，炒至入味即可。

大厨献招：肉片要分散投入油中，不要翻动，然后把火关小，让它慢火热透。

适合人群：一般人都可以食用。

45

豌豆炒鸡

原材料 鸡腿肉350克，豌豆300克，泡红椒、红辣椒、青椒各20克

调味料 油、盐、生抽、米醋各适量

做法

1. 将鸡腿拆掉骨头，洗净，切成块；将红辣椒、青椒洗净，切块；将豌豆洗净。
2. 锅中加油烧热，放入鸡肉炸至表面焦黄，加入豌豆、泡红椒、红辣椒、青椒翻炒，调入生抽，炒匀；加适量水烧至汁水将干时，加入盐、米醋翻匀，出锅即可。

豌豆蒸水蛋

原材料 鸡蛋200克，虾仁、蟹肉棒各100克，豌豆50克

调味料 盐3克

做法

1. 将鸡蛋打散成蛋液；将虾仁洗净；将蟹肉棒切段；将豌豆洗净沥干。
2. 将蛋液加盐和适量水拌匀，倒入盘中，放上虾仁、蟹肉棒和豌豆。
3. 整盘放入蒸锅中，大火隔水蒸约10分钟至熟即可。

豌豆红烧肉

原材料 豌豆、五花肉各100克，葱段适量

调味料 白糖、盐、老抽、料酒、油各适量

做法

1. 将豌豆洗净；将五花肉洗净切块，汆水；油锅烧热，加入五花肉翻炒出香味后，盛出，装盘。
2. 锅中放清水、白糖煮稠，下五花肉，放盐、老抽、料酒翻炒2分钟，放豌豆、清水，焖15分钟，撒上葱段即可。

芸豆

别名：白肾豆、架豆
性味：性温、味甘
适合人群：动脉硬化患者

食疗功效

排毒瘦身

芸豆中的皂苷类物质能促进脂肪代谢；所含的膳食纤维还可加快食物通过肠道的时间。

增强免疫力

芸豆含有皂苷、尿毒酶和多种球蛋白等独特成分，具有提高人体自身的免疫能力、增强抗病能力的作用。

防癌抗癌

芸豆还能激活淋巴 T 细胞，促进脱氧核糖核酸的合成，对肿瘤细胞的发展有抑制作用。

选购保存

表面光滑、颗粒饱满肥大、色泽鲜明的芸豆较好。在装芸豆的容器底部铺上盐存放，芸豆就不会生虫。

♥ 温馨提示

食用芸豆时必须将其煮熟煮透，消除其毒性。不宜生食或者食用半生不熟的芸豆，主要是由于鲜芸豆中含皂苷和细胞凝集素，皂苷存于豆荚表皮，细胞凝集素存于豆粒中，食后容易中毒，导致头昏、呕吐，甚至致人死亡。

食用禁忌		
忌	芸豆 + 土豆	芸豆与富含钾元素的土豆等食物长期同食，容易引起高钾血症

营养黄金组合		
宜	芸豆 + 冰糖	芸豆与冰糖同食，可治疗百日咳和老人咳喘
宜	芸豆 + 猪腰	芸豆与猪腰同食，可益肾补元、温中散寒

桂花芸豆

原材料 芸豆150克
调味料 桂花蜂蜜、白糖各适量

做法

1. 芸豆以温水泡发，再入沸水锅中煮熟后捞出。
2. 将桂花蜂蜜加白糖调匀，投入芸豆腌渍1小时即可。

大厨献招：加点柠檬汁，味道会更好。

适合人群：一般人都可以食用，尤其适合女性食用。

酸辣芸豆

原材料 芸豆150克，黄瓜100克，胡萝卜50克
调味料 红油10毫升，生抽8毫升，醋5毫升，盐3克，花椒油适量

做法

1. 将芸豆泡发，放入锅中煮熟，装入碗中。
2. 将黄瓜、胡萝卜均洗净，切成小块；将胡萝卜块焯熟后，与黄瓜一起装入芸豆碗中。
3. 将所有调味料拌匀，淋在芸豆上即可。

香爽芸豆

原材料 芸豆300克
调味料 盐3克，香油适量

做法

1. 将芸豆洗净备用。
2. 锅中加水烧开，加入盐，放入芸豆煮至熟透，捞出沥干，用香油拌匀即可。

大厨献招：选个大、饱满的芸豆，口感更佳。
适合人群：一般人都可以食用，尤其适合女性食用。

芸豆红枣

原材料 芸豆300克，红枣100克，熟白芝麻5克
调味料 盐3克，蜂蜜适量

做法

1. 将芸豆、红枣均洗净备用。
2. 锅中加水烧开，加入盐，放入芸豆煮至熟透，捞出沥干装盘。
3. 放入红枣，淋入蜂蜜拌匀，撒上熟白芝麻即可。

大厨献招：选用蜜枣烹饪，此菜味道会更好。
适合人群：一般人都可以食用，尤其适合孕产妇食用。

话梅芸豆

| 原材料 | 芸豆200克，话梅4个 |
| 调味料 | 冰糖适量 |

做法

1. 将芸豆洗净，入沸水锅煮熟后捞出。
2. 锅置火上，加入少量水，放入话梅和冰糖，熬至冰糖融化，倒出晾凉。
3. 将芸豆倒入冰糖水中，放冰箱冷藏1小时，待芸豆入味后即可食用。

芸豆　　　话梅　　　冰糖

大厨献招：可以适量加点蜂蜜，味道会更好。

适合人群：一般人都可以食用，尤其适合女性食用。

红豆

别名：小豆、赤小豆
性味：性平，味甘、酸
适合人群：高血压、便秘患者

食疗功效

补血养颜

红豆富含铁质，可使人气色红润，多摄取红豆，还有补血、促进血液循环、增强抵抗力的作用。

降低血压

红豆含有丰富的膳食纤维，具有良好的润肠通便、降血压的功效。

保肝护肾

红豆中的皂角苷可刺激肠道，有良好的利尿作用，能解酒、解毒，对心脏病和肾病、水肿患者均有益。

选购保存

红豆以豆粒完整、颜色深红、大小均匀、紧实皮薄者为佳。在存放红豆的容器中放入一些花椒可以防止红豆生虫。

食用禁忌

忌	红豆 + 羊肉	羊肉属于大热食物，与红豆同食，对健康不利
忌	红豆 + 羊肝	红豆与羊肝同食，会引起中毒

营养黄金组合

宜	红豆 + 百合	百合中的硒、铜等微量元素能抗氧化、促进维生素 C 吸收，两者同食，具有补血养颜的功效
宜	红豆 + 薏米	薏米含有维生素 B$_6$ 和铁，红豆富含叶酸，铁质与叶酸都可预防贫血

红豆山芋菠萝蜜

原材料 山芋300克，菠萝200克，红豆、糯米各100克，淡盐水500毫升

调味料 冰糖80克

做法

1. 将红豆提前在清水中浸泡；山芋洗净切块；菠萝切丁放在淡盐水中浸泡。

2. 在锅中放入糯米、红豆、山芋和清水，煮开，将冰糖放入锅中煮至融化，小火煮至山芋熟烂。

3. 将煮好的红豆和山芋、糯米盛在玻璃盘中，再将切好的菠萝丁拌入即可。

红豆杜仲鸡汤

原材料 红豆200克，杜仲15克，枸杞10克，鸡腿1只
调味料 盐5克

做法

1. 将鸡腿剁块，放入沸水中汆烫，捞起冲洗干净。
2. 将红豆洗净，和鸡肉、杜仲、枸杞一起放入煲内，加水盖过材料，以大火煮开，转小火慢炖。
3. 约炖40分钟，加盐调味即成。

红豆

杜仲

枸杞

大厨献招：将红豆提前泡发后再烹饪，味道会更好。

适合人群：一般人都可以食用，尤其适合孕产妇食用。

白芍红豆鲫鱼汤

原材料 红豆500克，鲫鱼1条（约350克），白芍10克

调味料 盐适量

做法

1. 将鲫鱼处理干净；红豆洗净，放入清水中泡发。
2. 将白芍用清水洗净，放入锅内，加水煎10分钟，取汁备用。
3. 另起锅，放入鲫鱼、红豆及白芍药汁，加3000毫升清水炖，炖至鱼熟豆烂，加盐调味即可。

冬瓜红豆鱼肉汤

原材料 冬瓜220克，草鱼肉100克，红豆10克，香菜适量

调味料 盐5克，白糖3克

做法

1. 将冬瓜去皮、籽，洗净后切片；草鱼肉洗净切片；香菜洗净切段；红豆洗净，浸泡40分钟备用。
2. 净锅上火，倒入水，调入盐，下入冬瓜、草鱼肉、红豆，煲至熟。
3. 调入白糖搅匀，撒上香菜段即可。

金氏红豆羹

原材料 红豆50克，枸杞10克，南瓜1个，大米适量

调味料 盐2克

做法

1. 将红豆泡发洗净；将枸杞、大米均洗净；将南瓜去籽洗净，做成容器状，蒸熟备用。
2. 锅中注入清水，放入红豆、枸杞、大米一起煮熟，加少许盐，盛入蒸好的南瓜内即可。

腰豆

别名：猪腰豆、大赤豆
性味：性平、味甘
适合人群：高脂血症患者

食疗功效

补血养颜

腰豆是豆类中营养较为丰富的一种，含有丰富的维生素A、B族维生素、维生素C及维生素E，也含有丰富的食物纤维及铁、镁、磷等多种营养素，有补血养颜的功效。

增强免疫力

腰豆含有丰富的蛋白质、纤维素及铁等多种矿物质，经常食用可以起到增强免疫力的作用。

降低血糖

腰豆不含脂肪，但含有丰富的纤维素，能够起到降低胆固醇及控制血糖的作用。

选购保存

应选择颗粒饱满、色泽红润自然的腰豆。用容器将腰豆装好置于通风、干燥处即可长时间存放。

♥ 温馨提示

一定要将腰豆烹饪熟透才能食用，否则腰豆中所含的植物凝血素会刺激消化道黏膜，并破坏消化道细胞，降低其吸收养分的能力。

食用禁忌

忌	腰豆 + 羊肚	腰豆与羊肚同食，会对身体产生不良影响
忌	腰豆 + 羊肉	羊肉属于大热食物，与腰豆同食，对健康不利

营养黄金组合

宜	腰豆 + 百合	腰豆中含有丰富的抗氧化物，与百合同食，具有补血养颜的功效
宜	腰豆 + 杏仁	杏仁中含有的胡萝卜素和维生素较多，两者同食，营养更全面

腰豆百合

原材料 腰豆100克，百合100克，枸杞10克，香菜叶少许
调味料 盐3克，香油适量

做法

1. 将腰豆、枸杞、香菜叶、百合均清洗干净备用。
2. 锅中加水烧开，分别将腰豆、百合、枸杞氽水后，捞出沥干，装盘。
3. 加盐、香油拌匀，用香菜叶点缀即可。

五彩腰豆

原材料 腰豆、豌豆各100克，胡萝卜、杏仁、银杏各80克

调味料 盐3克，油、草莓酱各适量

做法

1. 将腰豆、豌豆、杏仁、银杏均洗净备用；将胡萝卜洗净，切丁。
2. 热锅下油，放入腰豆、豌豆、胡萝卜、杏仁、银杏一起炒，加盐调味，待熟，盛盘，用草莓酱蘸食即可。

百合腰豆炒芥蓝

原材料 腰豆100克，鲜百合50克，芥蓝200克

调味料 盐3克，油适量

做法

1. 将腰豆洗净；将百合洗净；将芥蓝洗净，切段备用。
2. 热锅下油，放入芥蓝、腰豆翻炒片刻，再放入百合，加盐调味，炒熟，装盘即可食用。

腰豆拌核桃仁

原材料 腰豆50克，核桃仁100克，西芹40克

调味料 盐3克，香油适量

做法

1. 将腰豆洗净，入开水锅中煮熟后，捞出沥干；将西芹洗净，切丁，焯水。
2. 将核桃仁、腰豆、西芹一起装盘。
3. 调入盐、香油拌匀即可。

大厨献招：西芹焯水的时间不要过长。

适合人群：一般人都可以食用，尤其适合女性食用。

芥蓝腰豆

原材料 腰豆100克，红椒、芥蓝各适量
调味料 盐3克，油、醋各适量

做法

1. 将腰豆洗净；将芥蓝洗净，切条；将红椒去蒂洗净，切丝。
2. 热锅下油，放入芥蓝、腰豆翻炒片刻，再放入红椒，加盐、醋调味，炒熟，装盘即可。

大厨献招：用中火滑炒，这道菜口感会更好。
适合人群：一般人都可以食用。

南瓜腰豆炒百合

原材料 南瓜200克，腰豆、百合各150克
调味料 盐3克，油、白糖各适量

做法

1. 将南瓜去皮去籽洗净，切菱形块；将腰豆泡发洗净；将百合洗净备用。
2. 热锅下油，放入南瓜、腰豆、百合一起炒，加盐、白糖调味，炒至断生，装盘即可食用。

大厨献招：选用新鲜百合烹饪，味道会更佳。
适合人群：一般人都可以食用，尤其适合孕产妇食用。

刀豆

别名： 挟剑豆、刀豆子
性味： 性温、味甘
适合人群： 肾虚腰痛者

食疗功效

保肝护肾

刀豆含有丰富的蛋白质、粗纤维、钙、磷、铁等多种营养素，具有保肝护肾的功效。

增强免疫力

刀豆含有尿毒酶、血细胞凝集素等，有增强免疫力的功效。

提神健脑

刀豆对人体镇静也有很好的作用，可以增强大脑皮质的抑制功能，使人精力充沛，具有提神健脑的功效。

选购保存

挑选以刀子形完整、无病斑、无虫孔的刀豆为佳。将刀豆放入冰箱中可保存 10 天左右。

♥ 温馨提示

刀豆嫩荚食用起来质地脆嫩，肉厚鲜美可口，清香淡雅，是菜中佳品，可单作鲜菜炒食，也可和鸡肉等煮食；还可腌渍酱菜或泡菜食之。食用刀豆时，必须注意火候，一定要炒熟煮透，但要保持碧绿，不能煮成黄色。

食用禁忌		
忌	刀豆 + 猪肉	刀豆与猪肉都性温，两者同食，易导致上火
忌	刀豆 + 牛奶	两者搭配同食容易引起腹痛腹泻

营养黄金组合		
宜	刀豆 + 鸡蛋	鸡蛋富含蛋白质，两者同食，有增强免疫力的功效
宜	刀豆 + 猪腰	两者同食，具有保肝护肾的作用

红椒刀豆

原材料 刀豆300克，红椒1个，葱丝适量
调味料 油、盐各适量

做法

1. 将刀豆择去两头和两边的老筋，洗净，放入沸水中略焯。

2. 将红椒去蒂、去籽，洗净切丝。

3. 锅置火上，放油烧热，先入葱丝炝锅，再放入刀豆快速翻炒，调入盐炒匀，出锅前放入红椒丝即可。

清炒刀豆

原材料 刀豆、山药、藕、南瓜各100克，马蹄4个，圣女果、葱丝、姜丝各适量

调味料 盐3克，油适量

做法

1. 将刀豆除去两头及老筋，洗净；将山药、藕、马蹄、南瓜去皮洗净，切片；将圣女果洗净，切成两半。

2. 油锅上火加热，爆香葱丝和姜丝，放入刀豆、山药、藕、南瓜、马蹄、圣女果，用旺火炒熟，调入盐即成。

刀豆　　　山药　　　南瓜

大厨献招： 山药和南瓜不容易熟，要先下锅。

适合人群： 一般人都可以食用，尤其适合女性食用。

荷兰豆

别名：荷仁豆、剪豆
性味：性平、味甘
适合人群：一般人均可食用

食疗功效

开胃消食

荷兰豆含有胡萝卜素和钙，富含蛋白质和多种氨基酸，常食能起到开胃消食的作用。

增强免疫力

荷兰豆对增强人体新陈代谢功能有十分重要的作用，其营养价值高，常食还能增强人体免疫力。

补血养颜

荷兰豆可使皮肤柔润光滑，并能抑制黑色素的生成，有美容功效。

选购保存

能把豆荚弄得沙沙响，说明荷兰豆是新鲜的。将荷兰豆放入保鲜袋中，扎紧袋口，低温保存。

♥ 温馨提示

将荷兰豆氽烫后加入冰水，可以保持其翠绿色泽以及脆嫩口感；氽烫荷兰豆的时间不可太长，出水后应立刻入冰水降温，这样才能保持其最佳口感；入锅后的荷兰豆也要快速出锅，否则会变色，口感也不再脆嫩。

食用禁忌

忌	荷兰豆 + 虾	两者同食容易引起中毒
忌	荷兰豆 + 螃蟹	两者同食容易引起腹痛、腹泻

营养黄金组合

宜	荷兰豆 + 蘑菇	两者同食可以消除油腻引起的食欲不佳
宜	荷兰豆 + 松仁	荷兰豆与松仁搭配食用有防癌、抗癌的功效

拌荷兰豆

原材料 荷兰豆300克，红辣椒5克
调味料 盐5克

做法

1. 将红辣椒洗净，切细丝；将荷兰豆择洗干净，焯水至断生，迅速过凉。
2. 将荷兰豆加盐、红辣椒丝，翻拌均匀，装盘即可。

大厨献招：食用前淋上少许香油，味道会更好。
适合人群：一般人都可以食用，尤其适合男性食用。

荷兰豆炒肉片

原材料 里脊肉200克，荷兰豆、水淀粉、红椒丝各适量

调味料 油、料酒、盐、香油各适量

做法

1. 将里脊肉洗净，切片，加入盐、料酒、水淀粉拌匀；将荷兰豆择洗干净；锅中加油，烧热，将肉片放入，滑炒至熟，捞出。
2. 锅留底油，放入荷兰豆煸炒，加盐调味，勾芡，然后倒入肉片，炒匀，装盘，撒上红椒丝，淋入香油即可。

荷兰豆金针菇

原材料 荷兰豆、金针菇各100克，青辣椒35克，红辣椒20克

调味料 盐3克，生抽10毫升，油适量

做法

1. 将金针菇洗净，焯水，晾干备用；将荷兰豆、青辣椒、红辣椒均洗净，切丝，一同焯水后沥干。
2. 油锅烧热，加入青辣椒、红辣椒炒香，放入金针菇、荷兰豆，翻炒至熟后，加入盐、生抽，同炒30秒，起锅装盘。

芋头烧荷兰豆

原材料 芋头300克，荷兰豆300克，红椒10克

调味料 盐、黄酒、白糖、酱油、油各适量

做法

1. 将芋头刮去皮，切成块；将荷兰豆撕去筋；将红椒洗净，切丝。
2. 荷兰豆、芋头入油锅煸炒，加入黄酒、白糖、盐、酱油、清水，烧至汤汁浓稠，熟透入味，装盘后撒上红椒丝。

风味荷兰豆

原材料 荷兰豆250克，红辣椒20克，蒜30克
调味料 香油10毫升，盐3克，油适量

做法

1. 将荷兰豆洗净，剥开，放入开水中焯熟，捞出；将蒜去皮，剁成蒜泥；将红辣椒洗净，切成丝。
2. 锅烧热下油，把蒜泥、红辣椒丝炝香，盛出和其他调味料一起搅拌均匀，淋在荷兰豆上即可。

千层荷兰豆

原材料 荷兰豆300克，红椒少许
调味料 盐3克，香油适量

做法

1. 将荷兰豆去掉老筋，洗净，剥开；将红椒去蒂洗净，切丝。
2. 锅中加水，烧沸，放入荷兰豆焯熟后，捞出沥干，加盐、香油拌匀后，摆盘，用红椒丝点缀即可。

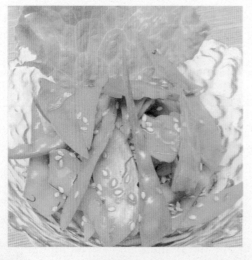

芝麻拌荷兰豆

原材料 荷兰豆250克，熟白芝麻5克，胡萝卜、生菜叶各适量
调味料 盐3克，香油、醋各适量

做法

1. 将荷兰豆去掉老筋，洗净，切片；将胡萝卜洗净，切片；将生菜叶洗净，摆盘。
2. 锅中加水，烧开，放入荷兰豆焯熟后，捞出沥干，装盘，放入胡萝卜，加盐、香油、醋、熟白芝麻拌匀即可。

百合南瓜荷兰豆

原材料 百合、南瓜、荷兰豆各150克，红椒少许
调味料 盐3克，香油适量

做法

1. 将南瓜去皮去籽洗净，切片；将荷兰豆去掉老筋洗净；将百合洗净；将红椒去蒂洗净，切成片。
2. 锅中加水，烧开，分别将百合、南瓜、荷兰豆氽熟后，捞出沥干，装盘。
3. 放入红椒，加盐、香油拌匀即可。

山药炒荷兰豆

原材料 荷兰豆、山药各200克，红椒、胡萝卜各适量
调味料 盐3克，油、酱油、醋各适量

做法

1. 将荷兰豆去掉老筋洗净，切段；将山药去皮洗净，切片；将红椒去蒂洗净，切片；将胡萝卜洗净，切片。
2. 热锅下油，放入荷兰豆、山药、红椒、胡萝卜一起翻炒至五成熟，加盐、酱油、醋炒至入味，待熟，盛盘即可。

清炒风味荷兰豆

原材料 荷兰豆300克，胡萝卜少许
调味料 盐3克，油适量

做法

1. 将荷兰豆去掉老筋，洗净备用；将胡萝卜洗净，切片。
2. 热锅下油，放入荷兰豆、胡萝卜翻炒片刻，加盐调味，炒熟装盘即可。

荷兰豆炒腊肉

原材料 荷兰豆200克,腊肉100克,红椒少许
调味料 盐3克,醋8毫升,生抽15毫升,油适量

做法

1. 将腊肉洗净,切片;将荷兰豆择洗干净;将红椒洗净,切片。
2. 锅内注油烧热,下腊肉片翻炒,再放入盐、醋、生抽炒入味。
3. 再加入荷兰豆、红椒片一起翻炒,炒熟即可食用。

红椒炒荷兰豆

原材料 荷兰豆90克,蒜、红椒丝各适量
调味料 盐3克,糖、油各适量

做法

1. 将荷兰豆两侧去筋,洗净后放入沸水中焯烫20秒,捞出后马上放入冷水中浸泡,待凉透,捞出沥干备用。
2. 将蒜去皮,用压蒜器压成泥备用。
3. 锅中倒入油,待油七成热时放入蒜泥煸炒出香味,下入荷兰豆、红椒丝翻炒,调入糖、盐,搅拌均匀即可。

美味荷兰豆

原材料 荷兰豆500克,鸡蛋、面粉、青椒、蒜末、芝麻各适量
调味料 酱油、料酒、盐、白糖、红油、油、胡椒粉各适量

做法

1. 将荷兰豆切段洗净,焯熟后沥干;将青椒洗净切末;将鸡蛋取蛋清,打散,加入面粉、青椒末、芝麻、蒜末、盐、料酒、酱油、白糖、红油、胡椒粉、水,搅拌成糊状。
2. 荷兰豆放入调好的面粉糊中挂糊,入油锅中炸成金黄色即可。

豆角

别名：菜豆、长豆、豇豆
性味：性平，味甘、咸
适合人群：肾虚者、尿频者

食疗功效

增强免疫力

豆角提供了易于被消化吸收的优质蛋白质，适量的碳水化合物及多种维生素、微量元素等，可补充机体所需的营养素，增强免疫能力。

开胃消食

豆角所含的 B 族维生素能维持正常的消化腺分泌，抑制胆碱酶活性，可帮助消化，增进食欲。

防癌抗癌

豆角中所含的维生素 C 能促进抗体的合成，提高机体抗病毒的能力，有防癌、抗癌的功效。

选购保存

应选购表皮光滑、无破损、无黑斑的豆角。将豆角直接放在塑胶袋或保鲜袋中冷藏保存。

♥ **温馨提示**

豆角的颜色最能反映其鲜嫩程度，绿色不要太绿或太深，以刚刚呈现翠绿色为佳。除了颜色外，光泽度也能反映出豆角的鲜嫩程度。

食用禁忌		
忌	豆角 + 桂圆	豆角与桂圆同食，会引起腹胀
忌	豆角 + 糖	豆角与糖同食，会影响糖的吸收

营养黄金组合		
宜	豆角 + 猪肉	豆角与猪肉同食，不但营养丰富，还对辅助治疗动脉硬化、高血压、糖尿病、消化不良、便秘等有帮助
宜	豆角 + 蕹菜	豆角与蕹菜同食，可以用于治疗湿热脾虚之带下或小便不利

姜末豆角

原材料 豆角500克，姜适量
调味料 盐3克，油、酱油、醋各适量

做法

1. 将豆角去掉头尾并洗净，切段；将姜去皮，洗净，切末。
2. 锅中加水，烧开，放入豆角氽熟后，捞出沥干摆盘。
3. 将姜末、盐、酱油、醋拌匀后撒在豆角上即可食用。

芝麻酱拌豆角

| 原材料 | 豆角500克，蒜末20克 |
| 调味料 | 香油10毫升，芝麻酱、盐各适量 |

做法

1. 将豆角择洗干净，放入沸水中焯熟，捞出沥干水分，切成长段，放入盆内。
2. 将芝麻酱用凉开水化开，加入盐、香油、蒜末，调成味汁。
3. 将味汁淋在豆角上即可。

豆角　　蒜　　香油

大厨献招：豆角要烫透，芝麻酱要用凉开水化开。

适合人群：一般人都可以食用，尤其适合女性食用。

豆角拌香菇

原材料 嫩豆角300克，香菇60克，玉米笋100克

调味料 辣酱油10毫升，盐少许

做法

1. 将香菇洗净泡发，切成丝，煮熟，捞出晾凉。
2. 将豆角洗净切段，烫熟，捞出待用。
3. 将玉米笋切丝汆烫，放入盛豆角段的盘中，再将煮熟的香菇丝放入，加入盐拌匀，腌20分钟，淋上辣酱油即可。

家乡豆角

原材料 豆角180克，红椒5克

调味料 盐3克，酱油、红油各适量

做法

1. 将豆角去筋，洗净，切成段，放入开水中烫熟，沥干水分，装盘。
2. 将红椒洗净，切成丝，放入水中焯一下，放在豆角上。
3. 将盐、酱油、红油调匀，淋在豆角上即可食用。

清炒豆角

原材料 豆角300克，蒜5克，红椒少许

调味料 盐3克，油适量

做法

1. 将豆角去掉头尾，洗净，切段；将蒜去皮洗净，切末；将红椒去蒂，洗净，切丝。
2. 热锅下油，放入蒜末炒香，放入豆角、红椒翻炒至熟，加盐调味即可。

红辣椒拌豆角

原材料 豆角90克，红辣椒、蒜各适量
调味料 盐3克，油、香油、醋各适量

做法

1. 将豆角去掉头尾，洗净，切段；将红辣椒洗净，切段；将蒜去皮，洗净，切末。
2. 锅中加水，烧开，放入豆角氽熟后，捞出沥干摆盘。
3. 热锅下油，放入红辣椒、蒜爆香，加盐、香油、醋炒匀，淋在豆角上，一起拌匀即可。

风味豆角结

原材料 豆角250克，泡椒20克，菊花瓣5克
调味料 盐5克，香油20毫升

做法

1. 将豆角洗净，择去头尾，切成小段，打结，入沸水锅中焯熟后，捞出沥干装盘；将泡椒取出，切碎；将菊花瓣洗净，用沸水稍烫。
2. 将泡椒、菊花瓣倒入豆角结中，加入所有调味料一起拌匀即可。

红椒豆角炒茄子

原材料 豆角、茄子各200克，红椒50克
调味料 盐3克，油、醋各适量

做法

1. 将豆角去掉老筋，洗净，切段；将茄子洗净，切条；将红椒去蒂，洗净，切片。
2. 油锅置火上，入红椒炒香后，放入茄子、豆角同炒，加入所有的调味料，炒熟装盘。

大厨献招：茄子容易吸油，在过油时应在油温高时放入茄子。

适合人群：一般人都可以食用。

橄榄菜拌豆角

原材料 豆角300克，橄榄菜50克

调味料 盐3克，香油、酱油、醋各适量

做法

1. 将豆角去掉头尾，洗净，切段备用。
2. 锅中加水，烧开，放入豆角，氽熟后捞出沥干摆盘，加盐、香油、酱油、醋拌匀，放上橄榄菜即可。

大厨献招： 将橄榄菜过下油味道更好。

适合人群： 一般人都可以食用，尤其适合儿童食用。

胡萝卜拌豆角

原材料 豆角400克，胡萝卜100克，蒜20克，干红辣椒10克

调味料 盐3克，油、酱油、红油各适量

做法

1. 豆角去头尾，洗净，切段；胡萝卜洗净，切条；蒜去皮，洗净，切碎；干红辣椒洗净，切段。
2. 锅中加水，烧开，分别将豆角、胡萝卜氽熟后，捞出沥干摆盘。
3. 热锅下油，入蒜、干红辣椒爆香，加调味料炒匀，淋在豆角上，拌匀即可。

椒丝豆角

原材料 豆角400克，蒜10克，红椒少许

调味料 盐3克，油、香油、醋各适量

做法

1. 将豆角去掉头尾，洗净，切段；将蒜去皮，洗净，切末；将红椒去蒂洗净，切丝。
2. 锅中加水，烧开，放入豆角，氽熟后捞出沥干摆盘。
3. 热锅下油，放入蒜末炒香，加盐、醋炒匀后，均匀地淋在豆角上，再淋适量香油拌匀，用红椒丝点缀即可。

菊花拌豆角

原材料 豆角300克，菊花80克，圣女果适量

调味料 盐5克，醋适量

做法

1. 将豆角去掉头尾，洗净，切段；将菊花洗净备用；将圣女果洗净，切开。
2. 锅中加水，烧开，分别将豆角、菊花氽水后，捞出摆盘，加盐、醋调味。
3. 将圣女果摆好盘即可。

姜汁嫩豆角

原材料 豆角500克，红椒适量

调味料 盐3克，香油、姜汁各适量

做法

1. 将豆角去掉头尾，洗净，切段备用；将红椒去蒂，洗净，切花刀。
2. 锅中加水，烧沸，放入豆角，氽熟后捞出沥干摆盘，加盐、香油、姜汁调味，然后用红椒点缀即可。

麻酱豆角

原材料 豆角400克

调味料 盐3克，麻酱适量

做法

1. 将豆角去掉头尾，洗净，切段备用。
2. 锅中加水，烧开，放入豆角，氽熟后捞出沥干摆盘，加盐、麻酱拌匀即可。

大厨献招：选用鲜嫩一点的豆角烹饪，口感更好。

适合人群：一般人都可食用，尤其适合女性食用。

豆角红椒丝

原材料 豆角500克，红椒适量
调味料 盐3克，香油适量

做法

1. 将豆角去掉头尾，洗净，切段备用；将红椒去蒂，洗净，切丝。
2. 锅中加水，烧沸，放入豆角氽熟后，捞出沥干摆盘，加盐、香油调味，然后用红椒丝点缀即可。

腌椒豆角

原材料 豆角400克，腌椒、柠檬各适量
调味料 盐3克，香油、醋各适量

做法

1. 将豆角去掉头尾，洗净，切段；将柠檬洗净，切片摆盘。
2. 锅中加水烧沸，放入豆角，氽熟后捞出沥干，加盐、香油、醋调味，拌匀，放入腌椒即可。

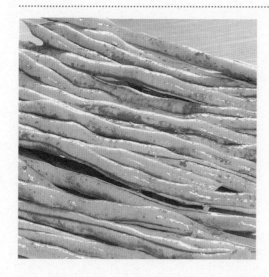

香辣豆角

原材料 腌豆角250克
调味料 辣椒粉、香油各适量

做法

1. 将腌豆角切长段，用竹签穿成串备用。
2. 锅中加水，烧沸，放入腌豆角，氽水后捞出沥干。
3. 在豆角表面刷上一层辣椒粉，淋上香油即可。

大厨献招：加点胡椒粉调味，此菜味道会更好。
适合人群：一般人都可食用，尤其适合男性食用。

大碗豆角

原材料 豆角200克，红辣椒、蒜各20克
调味料 盐3克，油、酱油、醋各适量

做法

1. 将豆角洗净，下入沸水锅中稍焯后，捞出沥水；将红辣椒洗净，切圈；将蒜洗净，切小块备用。
2. 锅中注油烧热，放入豆角炒至变色，再放入红辣椒、蒜同炒。
3. 炒至熟后，加入盐、酱油、醋拌匀调味，起锅装盘即可。

肉丁炒豆角

原材料 豆角250克，猪肉200克，干红辣椒15克
调味料 盐3克，油、醋各适量

做法

1. 将豆角去掉头尾，洗净，切小段；将猪肉洗净，切丁；将干红辣椒洗净，切段。
2. 热锅下油，放入干红辣椒爆香，放入猪肉略炒，再放入豆角一起炒，加盐、醋炒至入味，待熟，装盘即可。

川椒烩豆角

原材料 豆角300克，川椒、蒜各20克
调味料 盐3克，油、酱油、醋各适量

做法

1. 将豆角去掉头尾，洗净，切段；将川椒去蒂洗净，切圈；将蒜去皮，洗净备用。
2. 热锅下油，放入川椒、蒜炒香，放入豆角炒至五成熟时，再加入盐、酱油、醋调味。
3. 待熟，盛盘即可。

风味茄子炒豆角

原材料 豆角、茄子各200克，蒜5克，红辣椒50克

调味料 盐3克，油、酱油、醋各适量

做法

1. 将豆角去头尾，洗净，切段；将茄子去蒂，洗净，切条；将红辣椒去蒂，洗净，切圈；将蒜去皮，洗净，切碎。
2. 热锅下油，放入蒜炒香，放入茄子、豆角一起炒至五成熟时，放入红辣椒，加盐、酱油、醋调味，待熟，装盘即可。

茄子爆豆角

原材料 豆角250克，茄子200克，红椒少许，水淀粉适量

调味料 盐3克，油、酱油、醋各适量

做法

1. 将豆角去掉头尾，洗净，切段；将茄子洗净，切条；将红椒去蒂，洗净，切丁。
2. 热锅下油，放入豆角、茄子炒至五成熟，放入红椒，加盐、酱油、醋炒入味，待熟，用水淀粉勾芡，装盘即可。

干锅秘制豆角

原材料 豆角、五花肉各200克，洋葱100克，蒜10克，红椒、葱白、胡萝卜各少许

调味料 盐3克，油、酱油、醋各适量

做法

1. 将豆角洗净，切段；将洋葱洗净，切丝，放在干锅底；将五花肉洗净切片；将蒜去皮，洗净，切片；将红椒、葱白、胡萝卜均洗净切丝。
2. 热锅下油，放入蒜爆香，放入五花肉略炒，再放入豆角，加调味料炒匀。
3. 盛入干锅，放入红椒、葱白、胡萝卜，加适量水，烧至八分熟即可。

豆角煎蛋

原材料 豆角200克，鸡蛋4个，红椒2个

调味料 盐5克，油适量

做法

1. 将豆角洗净，切末；将红椒切成末；将鸡蛋打散，加入少许盐调匀。
2. 锅内放水烧热，加入盐，将切好的豆角过水，捞起，和红椒、鸡蛋一起拌匀。
3. 将平底锅烧热，放少许油，将已拌匀的鸡蛋液倒入锅内煎熟即可。

砂钵豆角

原材料 豆角400克，青椒、红椒各30克，蒜10克

调味料 盐3克，油、酱油、醋各适量

做法

1. 将豆角去掉头尾，洗净，切段；将青椒、红椒去蒂，洗净，切片；将蒜去皮，洗净。
2. 热锅下油，放入蒜炒香，放入豆角、青椒、红椒翻炒，加盐、酱油、醋炒匀，加适量清水，烧至汤汁收干，盛入砂钵即可食用。

香拌豆角茄子

原材料 豆角、茄子各200克，干红辣椒20克

调味料 盐3克，油、生抽、醋各适量

做法

1. 将豆角去掉头尾，洗净，切段；将茄子洗净，切条；将干红辣椒洗净，切段。
2. 锅中加水，将豆角、茄子分别放入开水中焯熟，捞出放凉。
3. 将豆角、茄子装盘，码上干红辣椒，拌上调味料即可。

石锅豆角

原材料 豆角400克，红辣椒适量，高汤350毫升
调味料 盐3克，油、酱油、醋各适量

做法

1. 将豆角去掉头尾，洗净，切长段；将红辣椒去蒂，洗净，切圈。
2. 热锅下油，放入豆角炒至五成熟时，放入红辣椒炒匀，加盐、酱油、醋炒至入味，盛入石锅。
3. 往石锅中加高汤，边炖边食。

炝拌干豆角

原材料 葱白丝、干红辣椒段、干豆角、红椒丝、香菜段各适量
调味料 盐3克，香油5毫升

做法

1. 将干豆角洗净，切段，入水中焯熟。
2. 将盐、葱白丝、红椒丝、干红辣椒段加在干豆角上，香油入锅烧热，淋在干豆角上，搅拌均匀，撒上香菜段，装盘即可。

干豆角炒粉条

原材料 干豆角400克，粉条100克，青椒、红椒各50克
调味料 油、盐、酱油、红油、醋各适量

做法

1. 将干豆角泡发洗净，切丝；将粉条泡发备用；将青椒、红椒去蒂洗净，切丝。
2. 热锅下油，放入干豆角炒至五成熟时，放入青椒、红椒、粉条炒匀，加盐、酱油、红油、醋炒至入味，待熟，装盘即可食用。

干豆角豆皮钵

原材料 干豆角、豆皮、猪肉各200克，葱5克，干红辣椒15克，高汤适量
调味料 盐3克，油适量

做法

1. 将干豆角泡发洗净，切长段；将豆皮、猪肉、葱、干红辣椒分别洗净，切好。
2. 将干豆角、豆皮放入钵中，倒入高汤，加盐调味；热锅下油，放入干红辣椒炒香，放入猪肉炒至八成熟，盛入钵中，撒上葱花，煮熟即可。

干豆角扣香茄

原材料 干豆角150克，茄子200克，馍8个，生菜适量
调味料 盐3克，酱油、香油各适量

做法

1. 将干豆角泡发洗净，切段；将茄子去蒂洗净，切条；将生菜洗净，摆盘。
2. 将干豆角摆在生菜叶上，茄子扣在豆角上，加盐、酱油、香油调味，馍摆好盘，一起放入蒸锅，蒸熟取出即可。

干豆角蒸茄子

原材料 干豆角、茄子各200克，鱼干80克，葱5克，干红辣椒10克
调味料 盐3克，酱油、香油、醋各适量

做法

1. 将干豆角泡发洗净，切段；将茄子去蒂洗净，切条；将鱼干洗净，切段；将葱洗净，切成葱花；将干红辣椒洗净，切段。
2. 将切好的干豆角、茄子、鱼干、干红辣椒摆好盘，加盐、酱油、香油、醋，一起入蒸锅蒸熟，取出撒上葱花即可。

豆苗

别名：豌豆苗

性味：性平、味甘

适合人群：维生素 C 缺乏症、糖尿病患者

食疗功效

增强免疫力

豆苗含有丰富的蛋白质、膳食纤维及 β - 胡萝卜素、维生素 B_1、维生素 B_2、维生素 C、钙、磷、铁等营养素，并含有多种人体必需的氨基酸。

开胃消食

豆苗含有钙质、B 族维生素、维生素 C 和胡萝卜素，有利尿、止泻、消肿、止痛和助消化等作用。

补血养颜

豆苗能修复晒黑的肌肤，使肌肤清爽不油腻。

选购保存

刚刚割下来的豆苗，品质最好。豆苗不宜保存，建议现买现食。

♥ 温馨提示

豆苗较为鲜嫩，不宜久炒、久炖，要大火快炒或入水稍焯，以免营养流失；豆苗越嫩越好，不要切，不要炒过火。

营养黄金组合		
宜	豆苗+ 虾仁	豆苗含有多种维生素和人体必需的微量元素，同虾仁一起食用可以得到更全面的营养
宜	豆苗 + 猪肉	豆苗与猪肉同食，对体虚、胃寒、食欲不振或消化不良的患者有很好的补益作用
宜	豆苗+ 鸡肉	鸡肉含有钙、磷、铁及丰富的维生素等，与豆苗同食，具有补血养颜的功效
宜	豆苗 + 牛肉	牛肉含有的维生素 B_6，可以帮助人体增强免疫力，促进蛋白质的新陈代谢和合成，与豆苗同食，效果更佳

巧拌豆苗

原材料 豆苗200克，花生100克，炸腐竹丝50克，红椒少许

调味料 盐3克，油、香油各适量

做法

1. 将豆苗洗净备用；将花生洗净；将红椒去蒂，洗净，切丝；锅中加水，烧开，放入豆苗，氽熟后捞出沥干，装盘。

2. 热锅下油，放入花生炸熟，盛入装豆苗的盘中，放入炸腐竹丝，加盐、香油拌匀，用红椒丝点缀即可。

清香豆苗

原材料 豆苗250克，黄椒适量
调味料 盐3克，香油适量

做法

1. 将豆苗洗净；将黄椒去蒂，洗净，切圈。
2. 锅中加水，烧开，放入豆苗，余熟后捞出沥干，装盘，加盐、香油拌匀，用黄椒圈点缀即可。

上汤豆苗

原材料 豆苗300克，皮蛋1个，蒜20克，火腿适量
调味料 盐3克，香油、油各适量

做法

1. 将豆苗洗净备用；将皮蛋去壳，切块；将火腿洗净，切片；将蒜去皮，洗净。
2. 热锅下油，入蒜炒香，倒入适量清水煮开，放入豆苗、皮蛋、火腿，加盐、香油调味，煮熟，装入碗中即可。

牛奶豆苗

原材料 豆苗100克，黑木耳、番茄、牛奶各适量
调味料 盐3克

做法

1. 将豆苗洗净备用；将黑木耳洗净，切片；将番茄洗净，切块。
2. 锅中加水，烧开，加入盐，分别将豆苗、黑木耳余熟后，捞出沥干。
3. 锅内倒入牛奶，放入豆苗、黑木耳、番茄一起煮开，装入碗中即可。

上汤豆腐豆苗

原材料 豆苗300克，豆腐、香菇各100克，猪肉150克，高汤适量

调味料 盐3克

做法

1. 将豆苗洗净；将豆腐洗净，切丁；将香菇洗净，切丁；将猪肉洗净，切丁。
2. 将高汤倒入锅中烧开，放入豆苗、豆腐、香菇、猪肉，加入盐，一起煮熟，盛入碗中即可。

豆苗

豆腐

香菇

大厨献招： 选用口感嫩一点的豆腐烹饪，味道会更好。

适合人群： 一般人都可以食用，尤其适合老年人食用。

豆芽

别名：芽苗菜、巧芽

性味：性凉、味甘

适合人群：一般人均可食用

食疗功效

排毒瘦身

豆芽中丰富的纤维素可促进肠蠕动，具有通便的作用，这一特点使豆芽具有减肥作用。

保肝护肾

豆芽中的维生素 B_2 能有效调节肾脏功能，对尿频、性功能障碍患者有益。

增强免疫力

豆芽中含有丰富的维生素 C，能促进抗体的形成，有效对抗感染和病毒，提高机体免疫能力。

选购保存

要选择个体饱满、新鲜的豆芽食用。豆芽不易保存，建议现买现食。

♥ 温馨提示

若将豆芽装在塑料袋中存放很容易腐坏。如果将豆芽装入有水的密封容器中，在冰箱冷藏保存就能保持豆芽的新鲜和脆度，但容器中的水要常换。无公害豆芽的颜色自然，而经过激素催生的豆芽亮度明显增加，同时饱含水分；无公害豆芽细长匀称，而激素催生的豆芽弯曲、粗短。

食用禁忌		
忌	豆芽 + 猪肝	猪肝与豆芽同食，维生素 C 会被氧化，失去营养价值
忌	豆芽 + 皮蛋	豆芽与皮蛋同食，容易导致腹泻

营养黄金组合		
宜	豆芽 + 韭菜	豆芽与韭菜同食，可解毒、补虚、通肠利便，有利于脂肪的消耗，有助于减肥
宜	豆芽 + 鸡肉	豆芽与鸡肉同食，可以降低心血管疾病及高血压等的发病率

辣炒黄豆芽

原材料	黄豆芽500克，葱15克
调味料	盐4克，辣椒粉15克，油适量

做法

1. 将黄豆芽洗净；将葱洗净，切成葱花。
2. 将黄豆芽放在开水中烫一下，捞出沥干待用。
3. 油锅烧热，放入黄豆芽、辣椒粉、盐炒匀，撒上葱花即可。

素拌小豆芽

原材料 绿豆芽250克，青椒、红椒各30克
调味料 盐3克，香油、醋各适量

绿豆芽　　　青椒　　　红椒

做法

1. 将绿豆芽洗净备用；将青椒、红椒均去蒂，洗净，切丝。
2. 锅中加水，烧开，放入绿豆芽，氽熟后捞出沥干，装盘。
3. 放入青椒、红椒，加盐、香油、醋拌匀即可。

大厨献招：撒点葱花，味道会更香。
适合人群：一般人都可以食用，尤其适合孕产妇食用。

陕北三丝

原材料 绿豆芽300克，红椒、香菜各适量，白芝麻10克

调味料 盐3克，油、酱油、醋各适量

做法

1. 将绿豆芽洗净；将红椒去蒂，洗净，切丝；将香菜洗净备用。
2. 锅中加水，烧开，放入绿豆芽，汆熟后捞出沥干，装盘。
3. 热锅下油，入白芝麻炒香，再放入红椒，加盐、酱油、醋调味，淋在绿豆芽上，搅拌均匀，再用香菜叶点缀即可。

黑豆芽拌粉条

原材料 黑豆芽250克，粉条150克，红椒少许

调味料 盐3克，香油适量

做法

1. 将黑豆芽洗净，备用；将粉条泡发；将红椒去蒂，洗净，切丝。
2. 锅中加适量水烧开，放入黑豆芽，汆熟后捞出沥干装盘，再将粉条煮熟，放在黑豆芽上。
3. 加盐、香油调味，再用红椒点缀即可。

金针菇拌豆芽

原材料 绿豆芽、金针菇各150克，青椒、红椒各50克

调味料 盐3克，香油适量

做法

1. 将绿豆芽、金针菇均洗净备用；将青椒、红椒均去蒂，洗净，切丝。
2. 锅中加水，烧开，分别将绿豆芽、金针菇汆熟后，捞出沥干，装盘。
3. 放入青椒、红椒，加盐、香油拌匀即可食用。

拌黄豆芽

原材料 黄豆芽250克

调味料 盐3克，糖4克，辣椒油10毫升，辣椒粉5克，香油、醋各5毫升

做法

1. 将黄豆芽择去尾端，洗净，入水焯熟后捞出沥干。
2. 将辣椒油烧热，与香油一起淋在黄豆芽上，再撒上辣椒粉拌匀。
3. 最后加醋、盐、糖拌至入味即可。

爽口脆丝

原材料 豆芽、芹菜叶、胡萝卜各100克，豆皮丝适量

调味料 盐3克，油、香油各适量

做法

1. 将豆芽、芹菜叶均洗净备用；将胡萝卜洗净，切丝。
2. 锅中加水，烧开，分别将豆芽、芹菜叶、胡萝卜氽熟后，捞出沥干，装盘，加盐、香油拌匀；热锅下油，将豆皮丝炸至酥脆，盛入盘中即可。

炒黄豆芽

原材料 黄豆芽200克，猪肉200克，干红辣椒10克

调味料 盐3克，油适量

做法

1. 将黄豆芽洗净备用；将猪肉洗净，切丝；将干红辣椒洗净，切段。
2. 热锅下油，放入干红辣椒炒香，放入猪肉略炒片刻，再放入黄豆芽，加盐调味，炒至断生，装盘即可。

黄豆芽炒粉条

原材料 黄豆芽、红薯粉条各250克，葱段、干辣椒各30克

调味料 盐5克，生抽、醋各10毫升，油适量

做法

1. 将黄豆芽洗净；将红薯粉条用清水冲洗，再放凉水中浸泡一会儿。
2. 将黄豆芽和红薯粉条均焯水沥干。
3. 油锅烧热，放干辣椒爆香，将黄豆芽、红薯粉条和葱段一起入锅，下剩余调味料炒匀，装盘即可。

黑豆芽炒粉丝

原材料 黑豆芽300克，粉丝150克

调味料 盐3克，油、酱油、醋各适量

做法

1. 将黑豆芽洗净，备用；将粉丝提前用水泡发，清洗干净。
2. 热锅下油，放入黑豆芽炒至五成熟时，再放入粉丝，加盐、酱油、醋炒至入味，待熟，装盘即可。

韭菜炒绿豆芽

原材料 韭菜100克，绿豆芽250克，生姜、葱各适量

调味料 油、盐、香油各适量

做法

1. 将绿豆芽洗净，沥水；将韭菜择洗净，切段；将葱、生姜洗净，切丝。
2. 锅中加油，烧热后下入葱丝、姜丝爆香，再放入绿豆芽煸炒几下。
3. 下入韭菜段翻炒均匀，加盐、香油调味即成。

银芽白菜

原材料 绿豆芽50克，粉丝100克，白菜50克，青辣椒、红辣椒各30克

调味料 盐3克，醋、香油各适量

做法

1. 将绿豆芽洗净留梗；将粉丝泡发，剪成段；将白菜洗净，取梗部切丝；将青辣椒、红辣椒洗净，去蒂、去籽，切丝。
2. 将绿豆芽、白菜丝和青辣椒、红辣椒丝入沸水焯至熟，捞出装盘，加入粉丝。
3. 所有调味料一起搅匀后，浇盘中拌匀。

黄豆芽炒什锦

原材料 黄豆芽、滑子菇各100克，青椒50克

调味料 盐3克，辣椒酱、醋、油各适量

做法

1. 将黄豆芽洗净备用；将滑子菇洗净备用；将青椒去蒂，洗净，切丝。
2. 热锅下油，放入黄豆芽、滑子菇、青椒一起翻炒片刻，加盐、辣椒酱、醋调味；炒至断生，装盘即可。

黄豆芽炒粉条

原材料 黄豆芽250克，粉条150克

调味料 盐3克，酱油10毫升，醋5毫升，油适量

做法

1. 将黄豆芽洗净备用；将粉条泡发备用。
2. 热锅下油，放入黄豆芽炒至五成熟，再放入粉条，加盐、酱油、醋炒至入味，待熟，盛盘即可。

大厨献招：加点青菜一起烹饪，味道会更好。

适合人群：一般人都可食用，尤其适合儿童食用。

豆芽拌海蜇皮

原材料 绿豆芽300克，海蜇150克，葱10克，蒜5克，鲜汤适量

调味料 盐3克，油、酱油、醋各适量

做法

1. 将绿豆芽洗净；将海蜇切段；将蒜切末；将葱切葱花；锅中加水，烧开，分别将绿豆芽、海蜇氽熟后，捞出沥干装盘。
2. 热锅下油，入蒜炒香，倒入鲜汤烧开，加盐、酱油、醋调味，盛入盘中，与绿豆芽、海蜇拌匀，撒上葱花即可。

肉末炒豆嘴

原材料 猪瘦肉、豆嘴、韭菜各200克，干红辣椒末15克，淀粉6克

调味料 生抽5毫升，料酒、盐、油各适量

做法

1. 将猪瘦肉洗净，剁成末，用生抽、油、淀粉拌匀；将豆嘴洗净；将韭菜切段。
2. 锅中倒油烧热，放入干红辣椒炒香后，倒入肉末略炒，再加入豆嘴，烹入料酒炒匀，最后倒入韭菜段翻炒至熟后，加入盐炒至入味，即可起锅。

豆嘴炒猪皮

原材料 豆嘴150克，猪皮200克，青辣椒、红辣椒各20克，干红辣椒10克

调味料 盐5克，酱油8毫升，油适量

做法

1. 将猪皮洗净，煮熟切成条状；将青辣椒、红辣椒洗净，切菱形片；将干红辣椒洗净，切段；将豆嘴泡发，煮熟后捞出。
2. 油锅烧热，下入干红辣椒炝香，再放入青辣椒、红辣椒、猪皮、豆嘴翻炒，倒入酱油、水，焖炒至水分全干时加盐即可。

干锅黄豆芽

原材料 黄豆芽400克，香菜、红椒各少许
调味料 盐3克，油、红油各适量

做法

1. 将黄豆芽洗净；将香菜洗净；将红椒去蒂，洗净，切圈。
2. 热锅下油，放入黄豆芽翻炒，加盐、红油调味，炒至八成熟时，盛入干锅，放入红椒、香菜，加点水，稍煮即可。

拌扁豆芽

原材料 扁豆芽200克，干红辣椒适量，红椒、葱各少许
调味料 盐3克，醋8毫升，生抽10毫升

做法

1. 将扁豆芽洗净；将红椒洗净，切丝；将干红辣椒洗净，切段；将葱洗净，切葱花。
2. 锅内注水，放入扁豆芽，焯熟后捞起晾干并装入盘中。
3. 加入盐、醋、生抽拌匀后，撒上干红辣椒段、红椒丝、葱花即可。

木耳炒豆芽

原材料 绿豆芽400克，水发黑木耳丝30克，红辣椒丝、葱丝、姜丝各适量
调味料 油、盐、花椒、酱油、料酒、醋、白糖、香油各适量

做法

1. 将绿豆芽去根，洗净，放入开水中焯熟，捞出控水，装盘；锅中加油，烧热时放入花椒，等花椒成金黄色时捞出。
2. 放入红辣椒丝、葱丝、姜丝煸炒，再依次放入黑木耳丝、酱油、料酒、醋、白糖、盐炒匀，烧开，淋上香油出锅。将炒好的材料浇在绿豆芽上即成。

韭菜银芽炒河虾

原材料 韭菜100克，绿豆芽200克，河虾200克
调味料 盐3克，油适量

做法

1. 将韭菜择好洗净，切段；将绿豆芽洗净沥干；
   将河虾洗净。
2. 锅中倒油烧热，下入河虾炒至变色，加入韭菜
   和绿豆芽炒熟。
3. 下盐，调好味即可出锅。

豆油黄豆芽

原材料 黄豆芽350克，葱花适量
调味料 盐、豆油各适量

做法

1. 将黄豆芽洗净后加水煮熟，捞出沥干水分待
   用，煮豆芽的汤留作炒菜时用。

2. 锅置火上，加入豆油烧热，投入葱花炸出香
   味，将黄豆芽放入，炒2~3分钟。
3. 最后加入煮豆芽的原汤和盐，炒至汤将干
   即可。

黄豆芽

葱花

盐

金针菇绿豆芽

原材料 金针菇100克，绿豆芽100克，青椒丝、红椒丝各适量

调味料 油、盐、香油各适量

做法

1. 将金针菇择洗净，放入沸水中焯一下，捞出沥干水分，放入盘中。
2. 将绿豆芽择洗净，放入沸水中焯一下，捞出沥干水分，放入装有金针菇的盘中。
3. 锅中加油烧热，下入金针菇、绿豆芽、青椒丝、红椒丝炒熟，加盐、香油即可。

豆芽解酒汤

原材料 黄豆芽300克，青椒、红椒各30克，芹菜叶适量

调味料 盐3克

做法

1. 将黄豆芽洗净备用；将青椒、红椒均去蒂，洗净，切丝；将芹菜叶洗净备用。
2. 锅中加水烧沸，加盐，放入黄豆芽、青椒、红椒、芹菜叶一起煮熟，即可食用。

豆芽菜鲜虾沙拉

原材料 绿豆芽100克，鲜虾、腌芦笋、奶酪各适量

调味料 油醋汁适量，胡椒粉少许

做法

1. 将绿豆芽洗净，汆烫后沥干水分；将腌芦笋略加冲洗后切段备用；将奶酪切块；将鲜虾洗净，剥壳，去虾头、虾尾，然后用牙签剔去虾线，再次冲洗；将鲜虾放入锅中汆水。
2. 将绿豆芽铺在碗底，然后放入鲜虾、腌芦笋和奶酪；撒上少许胡椒粉；待食用时，淋入油醋汁即可。

第二章
"素中肉品"的豆制品养生菜

豆制品种类众多、营养美味，有"素中肉品"之美誉。豆制品所含人体必需氨基酸与动物蛋白相似，也含有钙、磷、铁等人体需要的矿物质。本章介绍了豆腐、豆皮、豆干等众多豆制品及其养生菜，以方便您选择。

豆腐

别名：黄豆干酪
性味：性寒、味甘
适合人群：一般人均可食用

食疗功效

增强免疫力

豆腐蛋白属完全蛋白，营养价值较高，常吃能够增强免疫力。

防癌抗癌

豆腐中的甾固醇、豆甾醇，均是抑癌的有效成分，可以抑制乳腺癌、前列腺癌及白血病等癌症。

补血养颜

豆腐可增加血液中铁的含量，有补血的功效，其含有的植物雌激素又有很好的养颜功效。

提神健脑

豆腐富含黄豆卵磷脂，有益于神经、血管、大脑的生长发育。

选购保存

豆腐的颜色略带微黄，如果色泽过白则不佳。将豆腐浸泡于水中，并放入冰箱冷藏，烹调前再取出。

♥ 温馨提示

豆腐本身很容易腐坏，买回后应立刻浸泡于水中，并放入冰箱冷藏，烹调前取出并在 4 小时内制作，以保持新鲜。

食用禁忌		
忌	豆腐 + 菠菜	菠菜中的草酸与豆腐中的钙形成草酸钙，无法被人体吸收
忌	豆腐 + 蜂蜜	豆腐与蜂蜜同食，容易导致腹泻

营养黄金组合		
宜	豆腐 + 鱼	豆腐中的蛋氨酸含量较少，而鱼肉中蛋氨酸的含量则非常丰富，两者同食，可提高营养价值
宜	豆腐 + 番茄	豆腐与番茄同食，可满足人体对多种维生素的需求，具有一定的健美和抗衰老作用

深山老豆腐

原材料 老豆腐400克，姜末、蒜末、葱丝、红椒、香菜各适量

调味料 盐3克，油、老抽、红油、香油各适量

做法

1. 将老豆腐洗净，加少许盐煮3分钟，捞出切片；将部分红椒切碎，剩余少许切成丝。
2. 起油锅，爆香姜末、蒜末，放入红椒碎，炒出红油；另起锅，加入盐、老抽、红油、水，煮沸，淋入香油，制成酱汁，即可起锅备用。
3. 将老豆腐放入酱汁内，撒上炒熟的姜、蒜、红椒碎，再放上葱丝、香菜、红椒丝，即成。

眉州拌豆腐

原材料 嫩豆腐1盒，花生仁40克，香菜、姜、蒜各适量
调味料 盐3克，辣椒酱20克，油、老抽、香油、辣椒油、花椒各适量

做法

1. 将盒装豆腐去掉包装，切方块，扣盘；将花生仁洗净，去皮；将香菜洗净，切碎；将姜、蒜洗净，切末。

2. 热锅下油，爆香姜蒜末、花椒；放入花生仁、辣椒酱，以中火慢炒至金黄色；调入盐、老抽、辣椒油和水，烧至汁浓，淋在豆腐上，撒上香菜碎，淋上香油即成。

豆腐

花生仁

香菜

大厨献招：火要用中火，以免把花生仁炒煳。

适合人群：一般人都可食用。

崩山豆腐

原材料 嫩豆腐300克，榨菜80克，花生仁20克，白芝麻5克，香葱适量

调味料 盐3克，油、红油、酱油、料酒、香油各适量

做法

1. 将豆腐、榨菜、香葱分别洗净，切好。
2. 起油锅，加入榨菜、花生仁炒香，加料酒、酱油、红油和少许盐调味，煮沸后淋香油出锅备用。将放凉的料汁淋在豆腐上，撒上葱末和白芝麻即成。

奇味豆腐

原材料 嫩豆腐300克，青椒、红椒、香菜各适量
调味料 盐3克，豆豉40克，油、香油、白糖各适量

做法

1. 将豆腐洗净，倒扣入盆；将青椒、红椒洗净，切丝。
2. 起油锅，放入豆豉爆香，加入盐、白糖，翻炒后出锅，倒在豆腐上。
3. 再将青椒丝、红椒丝放在豆腐上，淋上香油，撒上香菜即成。

皮蛋拌豆腐

原材料 豆腐300克，皮蛋4个，香葱末10克，蒜末10克，芝麻少许
调味料 花椒油适量，盐3克

做法

1. 将豆腐用水洗净，切成小四方块，略焯水装盘。
2. 将皮蛋去壳洗净，切成块状，装入盛豆腐的盘中。
3. 把香葱末、蒜末、芝麻和调味料拌匀，淋在豆腐上即可。

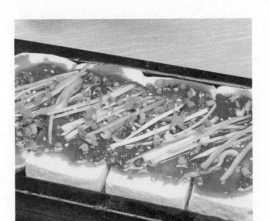

铁板嫩豆腐

原材料 豆腐4块，洋葱、青辣椒各5克，葱、芝麻、干红辣椒各适量

调味料 蒸鱼豉油、香油、辣椒油、花椒面、盐各少许

做法

1. 将豆腐洗净，摆上铁板；将洋葱、青辣椒切丝；将干红辣椒、葱切末。
2. 将蒸鱼豉油、干红辣椒、香油、辣椒油、花椒面、盐放在豆腐上。
3. 撒上洋葱、青辣椒、芝麻和葱末即可。

秘制铁板豆腐

原材料 豆腐、红辣椒、葱各适量

调味料 盐3克，老抽4毫升，香油3毫升，花椒面3克

做法

1. 将豆腐洗净，放在铁板上；将红辣椒切圈；将葱切段。
2. 将适量的老抽、盐、香油、花椒面放入碗中搅拌均匀，淋在豆腐上。
3. 最后撒上葱段、红辣椒圈即成。

蒜香银丝豆腐

原材料 豆腐500克，粉丝适量，火腿80克，虾肉50克，姜、蒜、红辣椒末各适量

调味料 蒸鱼豉油、香油、辣椒油、醋、盐各适量

做法

1. 将豆腐洗净，切片；将火腿切丝；将虾肉焯熟；将粉丝煮熟；将姜、蒜切末。
2. 取盘，将火腿丝摆在盘底，放上豆腐片，均匀地铺上粉丝，放上姜末、蒜末，摆上虾肉，放入香油外的调味料，再放上红辣椒末，淋上香油即成。

开心一品豆腐

原材料 嫩豆腐400克，鸡蛋100克，青椒、红椒、葱、芹菜各10克

调味料 油适量，红油10毫升，香油10毫升，酱油5毫升，盐3克

做法

1. 将豆腐洗净，切块；将鸡蛋打散，煎熟后切块；将青椒、红椒、葱、芹菜切丝。
2. 起油锅，加盐、红油、酱油和水，烧开制成酱汁；将豆腐盛盘，放上鸡蛋块，撒上青椒丝、红椒丝、葱丝、芹菜丝，淋上酱汁和香油。

剁椒夹心豆腐

原材料 嫩豆腐300克，剁椒20克，生菜适量

调味料 盐1克，香油各适量

做法

1. 将豆腐洗净，切片；将生菜洗净；将剁椒、香油和盐拌匀成酱汁。
2. 以生菜打底，放上豆腐片，再淋上酱汁即成。
3. 以生菜包上豆腐和酱汁食用。

雕花豆腐

原材料 豆腐2块，黄瓜、红辣椒各5克

调味料 香油、盐、甜面酱各少许

做法

1. 将豆腐洗净，摆碟；将黄瓜洗净，切成小片；将红辣椒洗净，切成菱形小块。
2. 将黄瓜、红辣椒摆在豆腐的面上。
3. 将香油、盐、甜面酱做成调料汁，装入小碗中，蘸取食用即可。

冻豆腐

原材料 冻豆腐400克，香菜适量
调味料 盐3克，香油少许

做法

1. 将冻豆腐洗净，切长条，摆在碟上。
2. 放香油、盐、香菜。
3. 放入冰箱冷藏8小时即可。

大厨献招：冰冻过的豆腐更入味消暑，适合天气热时食用。

适合人群：一般人都可食用，尤其适合男性食用。

孔府一品豆腐

原材料 豆腐300克，鲜虾100克，清汤、胡萝卜、芹菜、葱、干红辣椒各适量
调味料 盐3克，油、番茄酱各适量

做法

1. 将豆腐洗净，切块；将鲜虾洗净；将胡萝卜、芹菜洗净，切丁；将干红辣椒、葱洗净，切末。
2. 锅放油，爆香干红辣椒，放入虾小炒；放入盐、番茄酱，倒入清汤烧开；放入豆腐、胡萝卜、芹菜，以小火煮10分钟。
3. 转入孔锅中，加葱末再炖煮片刻即可。

麻味豆腐

原材料 嫩豆腐150克，土豆80克，麻椒30克，提子适量
调味料 盐3克，油、鸡精各适量

做法

1. 将嫩豆腐洗净，放入蒸笼中蒸熟后切成小块；将土豆去皮洗净切成薄片，放入开水中焯熟备用。
2. 将嫩豆腐和土豆装盘；锅中放油，烧热，放入麻椒爆香；将麻椒、盐、鸡精、提子拌入盘中即可。

肥牛豆腐

原材料 豆腐、牛肉各200克，葱20克，姜10克，蒜5克

调味料 油适量，豆瓣酱10克，盐5克，料酒4毫升

做法

1. 将牛肉切粒；将豆腐上笼蒸熟；将葱切段；将姜切末；将蒜切末。

2. 锅中注油，烧热，放入牛肉爆炒，加入豆瓣酱、姜末、蒜末，烹入料酒，加入盐、葱段，煮开，盛在蒸好的豆腐上。

豆腐　　　牛肉　　　葱

大厨献招： 豆腐在蒸之前应抹上一层盐腌渍一会儿，才会入味。

适合人群： 一般人都可食用。

蘸汁盐卤豆腐

原材料 豆腐400克，淀粉、葱末、红椒末各适量
调味料 盐、辣椒油、酱油各适量

做法

1. 将豆腐洗净，切成小块。
2. 锅内烧沸水，入酱油、盐，待水再沸时，加入淀粉勾芡，即成卤；把豆腐块盛入碗中，浇上卤和葱末、红椒末，淋上辣椒油即成。

大厨献招：用香油调味味道会更佳。
适合人群：适合老年人食用。

大盘切片豆腐

原材料 豆腐3块，瘦肉、青辣椒、红辣椒、玉米、香菇各5克
调味料 油、红油、盐、香油各适量

做法

1. 将豆腐洗净，切片摆碟；将青辣椒、红辣椒、香菇、瘦肉洗净，切小块。
2. 锅中放油，加入青辣椒、红辣椒、玉米、香菇、瘦肉炒，加入200毫升水、盐、红油煮5分钟；倒在豆腐上，淋入香油即可。

四季豆腐

原材料 豆腐3块，皮蛋、松仁各10克，辣椒5克，香菜2克
调味料 辣椒酱10克，盐、香油各适量

做法

1. 将豆腐用水洗净切片；将皮蛋、辣椒、香菜洗净切碎。
2. 将豆腐摆碟，放上皮蛋、松仁、辣椒酱、辣椒、香菜。
3. 加入盐、香油即可。

一块豆腐

原材料 豆腐400克，葱、香菜、白芝麻、姜、蒜各适量

调味料 盐、辣椒油、生抽、熟油各适量

做法

1. 将豆腐洗净摆盘；将葱、姜、蒜切末；将香菜切碎。
2. 在豆腐上撒上少许盐、白芝麻、葱末。
3. 取碗，加入少许盐、白芝麻、姜末、蒜末、葱末、香菜、辣椒油、生抽、熟油调成酱汁，佐食即可。

拌嫩豆腐

原材料 水豆腐1块，香葱50克

调味料 盐适量，熟豆油15毫升

做法

1. 将葱择洗干净，切成圈。
2. 将水豆腐切成15毫米见方的丁，用开水烫一下，再加凉水投凉。
3. 将豆腐丁控净水分，装在盘中，撒上盐，再放上葱圈，浇上熟豆油即可。

麻辣豆腐

原材料 豆腐2块，洋葱、葱各10克，干辣椒10克

调味料 盐、蒸鱼豉油、花椒面、醋、香油各适量

做法

1. 将豆腐、洋葱、葱洗净，切小块；将干辣椒切末。
2. 将豆腐、洋葱、葱、干辣椒末、盐、蒸鱼豉油、花椒面、醋放盘上，拌匀。
3. 淋上香油即可。

花生皮蛋拌豆腐

原材料 豆腐600克，花生米100克，皮蛋2个，熟芝麻10克，葱花15克，蒜蓉适量
调味料 盐4克，油、红油各适量

做法

1. 将豆腐洗净，放入热水浸泡片刻，取出，切丁，待冷却。
2. 将皮蛋去壳，切丁；油锅烧热，将花生米、红油、盐、蒜蓉炒成味汁；将皮蛋放在豆腐上，淋入味汁，撒上葱花和芝麻即可食用。

香椿拌豆腐

原材料 老豆腐150克，香椿50克，红椒丝适量
调味料 盐5克，香油5毫升，葱油3毫升

做法

1. 将豆腐洗净，切丁；将香椿洗净，切末。
2. 锅中注入水，烧开，分别放入豆腐和香椿焯烫，捞出沥水。
3. 将备好的豆腐和香椿摆入盘中，调入调味料拌匀，撒上红椒丝即可食用。

芥末豆腐

原材料 豆腐300克，日本豆腐300克
调味料 芥末酱、柠檬汁、盐各适量

做法

1. 将豆腐和日本豆腐洗净，切成块状，分别用沸水焯后用冷开水浸凉，再装入盘中待用。
2. 将芥末酱和柠檬汁、盐调匀成味汁。
3. 将调好的味汁均匀地浇在盘中的豆腐和日本豆腐上即可食用。

时蔬豆腐碎

原材料 豆腐500克，圣女果200克，香菜、番茄丁各适量

调味料 盐3克，酱油、白糖、油各适量

做法

1. 将圣女果去皮，对半切开。
2. 锅中倒入油，油热后将番茄丁倒入，以小火慢慢翻炒出香味，加入酱油、白糖、豆腐、盐，用铲子戳碎豆腐，并翻炒入味，装盘。
3. 撒上香菜，放入圣女果即可。

青豆豆腐

原材料 豆腐6块，青豆200克，蒜末10克

调味料 辣椒酱50克，绍酒10毫升，香油少许，盐5克

做法

1. 将豆腐洗净切小块。
2. 将青豆洗净装入碗中，用豆腐围边。
3. 加入调味料，上笼蒸熟即成。

大厨献招：可以加适量生抽，此菜味道会更佳。

适合人群：一般人都可食用，尤其适合男性食用。

酱香豆腐

原材料 豆腐500克，葱末少许，红辣椒圈适量

调味料 盐3克，油、酱油、红油、豆豉酱各适量

做法

1. 豆腐切小块，入开水焯烫1分钟盛起。
2. 油锅烧热，倒入豆豉酱，煸炒出香味，倒入少许水，调成大火煮开，倒入豆腐继续煮，加入红辣椒圈、葱末、盐、酱油，待汁收后，装盘，淋上红油即可。

东北老豆腐

原材料 黄豆500克，猪肉100克，水淀粉适量

调味料 盐3克，油、内酯、酱油、生抽、料酒、麻酱各适量

做法

1. 将黄豆洗净泡发，加水打成豆浆；将猪肉切丁，加生抽、料酒、水淀粉腌渍。
2. 将豆浆煮开后，晾凉，内酯用水溶化，倒入豆浆中搅匀，隔水加热凝固成豆腐脑；热锅下油，入肉末炒散，加盐、酱油、麻酱调味，倒入水煮沸，加水淀粉勾芡，制成卤汁淋在豆腐脑上。

肉松皮蛋豆腐

原材料 皮蛋100克，豆腐200克，肉松80克，葱适量

调味料 盐3克，红油、醋各适量

做法

1. 将皮蛋去壳，切块；将豆腐洗净，切块；将葱洗净，切葱花备用。
2. 将豆腐入开水中稍烫，捞出，沥干水分，装盘；用盐、红油、醋调成味汁。
3. 将皮蛋放在豆腐旁边，将味汁淋在豆腐和皮蛋上，将肉松放在豆腐上，撒上葱花即可。

炒泡菜豆腐

原材料 豆腐500克，泡菜300克，五花肉80克，熟白芝麻适量

调味料 盐3克，油适量

做法

1. 将五花肉洗净，切片；将豆腐切片。
2. 将五花肉烫熟；将豆腐用开水烫熟，取盘，码上豆腐片；锅加热，放入油，下泡菜和五花肉，加盐拌炒5分钟，盛入放有豆腐片的盘子里，撒上熟白芝麻。
3. 将豆腐、泡菜和五花肉搅拌均匀即可。

萝卜泥拌豆腐

原材料 嫩豆腐1块，银鱼50克，白萝卜1段，葱1棵
调味料 酱油适量

做法

1. 将白萝卜削皮，用水洗净，磨成泥，稍微挤干水分。
2. 将葱洗净，切末；将银鱼入锅煮熟捞出。
3. 将豆腐盛盘，上铺萝卜泥、银鱼，撒上葱末，淋上酱油即成。

豆腐

白萝卜

大厨献招： 烹饪此菜不要加醋，以免胡萝卜素损失。

适合人群： 一般人都可食用，尤其适合女性食用。

泡菜豆腐

原材料 猪五花肉80克，红泡菜200克，豆腐300克，葱花、蒜各适量

调味料 盐3克，油适量

做法

1. 将五花肉切片；将豆腐、蒜切片。
2. 烧开水，将豆腐用水煮透，装盘；炒锅放油，煸香蒜片，加入五花肉，炒至八成熟时，放入红泡菜，加盐炒熟，放于豆腐片上。
3. 撒上葱花即可。

川府一品豆腐

原材料 豆腐300克，皮蛋、熟咸鸭蛋各1个，葱10克，红椒、榨菜丁各适量

调味料 盐3克，酱油、醋各1毫升

做法

1. 将豆腐切成块置于盘中；将咸鸭蛋、皮蛋分别去皮，切丁；将葱洗净，切成葱花；将红椒洗净切丁，入沸水中汆至断生，捞出沥干备用。
2. 将除豆腐外的所有原材料与调味料置入碗中，调成味汁，浇在豆腐上即可。

豆腐小滑嫩

原材料 嫩豆腐500克，鲜菇50克，豌豆30克，枸杞适量

调味料 盐3克，酱油、料酒、香油各适量

做法

1. 将豆腐切成小块，放入冷水中浸泡；将鲜菇、豌豆洗净备用。
2. 锅内入水，加少许料酒，放入豆腐，用旺火煮至豆腐周围有小洞，把煮豆腐的水去掉，加入鲜菇、豌豆、枸杞、酱油、盐和少量清水翻炒，装盘，淋入香油即可。

干妈老豆腐

原材料 老豆腐500克，鸡蛋黄、蒜末、葱花各适量

调味料 盐3克，油、老干妈酱、花椒、白糖、酱油各适量

做法

1. 将老豆腐切块后用盐水泡，蘸上鸡蛋黄。
2. 炒锅放油，入豆腐块双面煎至金黄色，盛出。起锅放入油，加入蒜末炒香，入煎好的豆腐翻炒，加入调味料，加点热水干烧，收汁水，装盘，撒上葱花即可。

小白菜烧豆腐

原材料 豆腐300克，小白菜100克，葱、姜各10克

调味料 香油5毫升，盐、鸡精各3克

做法

1. 将小白菜洗净，切成小段备用；豆腐洗净，切小块备用；姜切片；葱切段。
2. 锅中加半锅水烧开，把切好的豆腐块放进锅中，放入姜片和葱段煮3分钟。
3. 放入小白菜再煮3分钟后，加入盐、鸡精和香油，出锅即可食用。

玉米拌豆腐

原材料 豆腐70克，玉米粒20克

调味料 白糖少许

做法

1. 将玉米粒上屉蒸熟。
2. 将豆腐切小粒，入沸水中煮熟后捞出。
3. 将豆腐和玉米粒加白糖拌匀即可。

大厨献招：盒装豆腐更嫩，口感更好。

适合人群：一般人都可以食用，尤其适合儿童食用。

铁板米豆腐

原材料 米豆腐500克，肉末80克，红椒、香葱、水淀粉各适量

调味料 盐4克，辣椒酱10克，酱油20毫升，味精、料酒、油各适量

做法

1. 将香葱洗净，切末；米豆腐洗净，切片，放入油锅煎至两面变色后，盛在铁板上。

2. 起油锅，放入辣椒酱、肉末翻炒，加入酱油、味精、料酒、葱末、水，烧至汤汁浓稠时，用水淀粉勾芡，盛在米豆腐上即可。

草菇虾米豆腐

原材料 豆腐、草菇各100克，虾米适量

调味料 香油5毫升，白糖3克，盐、油各适量

做法

1. 草菇洗净，切片，放热油锅中炒熟，出锅晾凉；虾米洗净，泡发，捞出切碎。

2. 将豆腐放沸水中烫一下捞出，放碗内晾凉，沥出水，加盐，将豆腐打散拌匀；将草菇片、虾米撒在豆腐上，加白糖和香油搅匀后，扣入盘内即可。

金牌豆腐

原材料 豆腐300克，鸡蛋1个，黑木耳、青辣椒、红辣椒、胡萝卜、粉丝各适量

调味料 油、盐、香油各适量

做法

1. 将豆腐切块；将鸡蛋打散搅匀；将黑木耳、青辣椒、红辣椒、胡萝卜切丝。

2. 将豆腐放在开水中煮熟捞起，放上盐拌匀；锅放油，放鸡蛋煎成薄薄一层，熟后捞起放在豆腐上；锅再放油，放黑木耳、青辣椒、红辣椒、胡萝卜、粉丝爆香，捞起放在鸡蛋上，淋上香油即成。

百合西芹拌豆腐

原材料 豆腐1块，百合、西芹各50克，河粉100克，红辣椒1个

调味料 香油、盐各适量

做法

1. 将豆腐洗净，切成4片；将西芹洗净切长段；将红辣椒洗净切丝。
2. 将河粉、豆腐、西芹、百合、红辣椒入水焯烫，捞出放入碗中，加上香油、盐。
3. 再依次摆在盘中即可。

老干妈辣豆腐

原材料 豆腐400克，小白菜10克，红辣椒、葱各适量

调味料 油、老干妈酱、豆豉、盐各适量

做法

1. 将豆腐洗净；将红辣椒、葱洗净，切末。
2. 锅内放大量油烧热，放豆腐炸至金黄色捞起；锅留油少许，放老干妈酱、豆豉、红辣椒爆香，加水煮开后放盐、豆腐、小白菜继续煮3分钟。
3. 捞起装碟，撒上葱花。

黄金豆腐

原材料 豆腐500克，青辣椒、红辣椒各15克，花生仁20克

调味料 油、盐、蚝油各适量

做法

1. 将豆腐洗净；将青辣椒、红辣椒洗净切片。
2. 锅内放油，将豆腐炸至金黄色备用；锅留油少许，放辣椒、花生仁、蚝油爆香，放入盐、水烧开后放豆腐烧3分钟。
3. 装碟即可。

熊掌豆腐

原材料 豆腐300克，红辣椒、葱各10克，干红辣椒、淀粉各适量

调味料 油、辣椒油、盐各适量

做法

1. 将豆腐切块；将干红辣椒切末；将红辣椒对半切；将葱洗净切段。

2. 锅放大量油，将豆腐炸至金黄色捞起；锅内留适量油，放干红辣椒、红辣椒、葱爆香，加入水、盐、辣椒油煮开；倒入豆腐烧3分钟；放少许淀粉勾芡即可。

鸡丝豆腐

原材料 豆腐300克，鸡胸脯肉100克，香菜5克，熟芝麻、干红辣椒各少许

调味料 盐3克，生抽5毫升，油、红油各适量

做法

1. 将豆腐洗净，切成片，放入碗中；将鸡胸脯肉洗净，入沸水中煮熟，晾凉后撕成细丝；将干红辣椒洗净，沥干切段备用；将香菜洗净切段。

2. 锅中注少量油，下干红辣椒段爆香，加入鸡丝、红油、生抽、盐和熟芝麻炒匀，浇在豆腐上。

3. 撒上香菜段即可。

大厨献招： 煮鸡肉时加入少许花椒和八角，会更入味。

适合人群： 一般人都可食用，尤其适合女性食用。

干炒豆腐

原材料 豆腐200克，猪肉150克，榨菜30克，洋葱末、葱末、青辣椒末、红辣椒末各适量

调味料 油、酱油、盐、糖、料酒各适量

做法

1. 将豆腐、猪肉洗净，切碎；将猪肉放料酒中腌渍片刻。
2. 锅内放油，爆香葱；放猪肉、豆腐、榨菜、洋葱末略炒，加少许水炒约4分钟；放酱油、盐、糖，撒青辣椒末、红辣椒末。

开包豆腐

原材料 豆腐1块，葱适量

调味料 盐、香油各少许

做法

1. 将豆腐洗净，装入蒸屉中，大火蒸30分钟取出；将葱洗净，切末。
2. 淋上盐、香油，撒上葱末即可。

大厨献招：加适量醋调味，此菜味道会更好。

适合人群：一般人都可以食用，尤其适合老年人食用。

韭菜炒豆腐

原材料 韭菜200克，豆腐300克，淀粉10克，红辣椒5克

调味料 辣椒酱10克，盐3克，油适量

做法

1. 将韭菜洗净，切段；将豆腐洗净，切块；将红辣椒洗净，切圈；将淀粉加水拌匀。
2. 锅中倒油烧热，下韭菜炒熟，加豆腐、红辣椒圈和盐翻炒。
3. 倒入辣椒酱，加水淀粉勾芡即可。

铁板豆腐

原材料 豆腐250克，胡萝卜50克，黑木耳25克，玉米笋100克，青椒、红椒各10克，姜5克，淀粉15克

调味料 油、酱油、素沙茶、糖各适量

做法

1. 将豆腐切成块，入热油中炸1~2分钟；将青椒、红椒洗净，切成块；将黑木耳、胡萝卜、玉米笋、姜洗净，均切片备用。
2. 将除青椒、红椒、姜外的所有菜类材料放入滚水中烫煮1~2分钟，起油锅，放入青椒、红椒、姜及除豆腐外的其他材料炒熟；再放入豆腐、调味料、少许水，煮熟后，以淀粉勾芡，即可盛放在烧热的铁板上。

海带豆腐

原材料 豆腐300克，海带100克，葱、姜末、红辣椒丁、高汤各适量

调味料 盐5克，油适量

做法

1. 将海带洗净，切片；将豆腐洗净，切片，入沸水锅中焯一下；将葱洗净切好。
2. 油锅上火烧热，下葱和姜末煸香，倒入高汤，烧开后放入海带略煮，再放入豆腐，盖上锅盖，用小火炖约30分钟，放入红辣椒丁、盐，炒匀，撒上葱花。

牡蛎烧豆腐

原材料 豆腐4块，牡蛎100克，葱花、姜末各适量

调味料 油、辣椒油、盐、酱油、白糖各适量

做法

1. 将豆腐切块、牡蛎洗净，用开水焯一下。
2. 锅内放油，放姜末爆香，放水、豆腐煮开，然后放入牡蛎煮3分钟。
3. 放入辣椒油、盐、酱油、白糖、葱花调味即可。

白菜烧豆腐

原材料 豆腐2块，白菜100克，辣椒、葱各适量

调味料 油、盐、酱油各适量

做法

1. 将豆腐先用热水过一下；将豆腐、白菜切小块；将辣椒、葱切长丝。
2. 锅放油，放入豆腐稍煎；放盐、酱油、白菜，加入水煮3分钟。
3. 撒上葱、辣椒。

山珍烩豆腐

原材料 鲜菇、珍菌、瘦肉、圣女果各50克，青豆10克，豆腐300克

调味料 油、香油、盐各适量

做法

1. 将豆腐、鲜菇、珍菌过热水并切成丁；将瘦肉、圣女果切小块。
2. 锅内放油，烧热，放瘦肉爆香；倒入鲜菇、青豆、珍菌翻炒，放入盐和水烧开；倒入豆腐再烧5分钟，放上圣女果，淋上香油。

金沙果仁豆腐

原材料 豆腐500克，红椒10克，腰果20克，香菜适量

调味料 油、盐、白糖、香油各适量

做法

1. 将豆腐洗净，切小块；将红椒洗净，切碎；将腰果切碎。
2. 锅内放油，放红椒、腰果爆香，放水、盐、白糖煮滚；放豆腐再煮3分钟；
3. 淋上香油，撒上香菜即可。

红白豆腐

原材料 豆腐、猪血各150克，青辣椒、红辣椒各10克

调味料 油、酱油、白糖、盐各适量

做法

1. 将豆腐、猪血用开水焯一下水后切小块；将青辣椒、红辣椒洗净切圈。
2. 锅内放油，放青辣椒、红辣椒爆香，倒入豆腐、猪血小炒，放入酱油、白糖、盐、水，煮5分钟左右即可。

酸菜烧豆腐

原材料 豆腐200克，酸菜50克，红辣椒圈适量

调味料 油、酱油、白糖、盐各少许

做法

1. 将豆腐洗净，切大块；将酸菜切小块。
2. 锅内放油，放豆腐、盐、水、酱油煮开；放入酸菜、白糖继续煮4分钟。
3. 撒上红辣椒圈即成。

香菇烧嫩豆腐

原材料 豆腐300克，香菇5克，葱末适量

调味料 蚝油10毫升，油、生抽、盐、白糖各适量

做法

1. 将豆腐洗净，切大块；将香菇洗净，表面划十字刀。
2. 锅里放油，放蚝油、盐、生抽、白糖、适量水烧开；放入豆腐、香菇，以小火煮5分钟左右。
3. 撒上葱末即可。

秘制麻婆豆腐

原材料 豆腐500克，葱5克，牛肉150克，淀粉、干红辣椒碎各适量

调味料 油、豆瓣酱、豆豉、盐、酒、酱油、蚝油、花椒粉各适量

豆腐　　　　牛肉

做法

1. 将牛肉洗净，剁成末；将豆腐切块，氽烫后沥干，葱洗净，切葱花。
2. 热锅下油，入肉末炒熟后装盘。另起油锅，放豆瓣酱、酱油、干红辣椒碎、豆豉炒香，加水烧沸后，放豆腐、肉末、蚝油、盐、酒，煮半分钟勾芡。
3. 撒上花椒粉、葱花即可。

大厨献招：豆腐宜选用细嫩清香的"石膏豆腐"。

适合人群：一般人都可食用。

山村小豆腐

原材料 豆腐2块，香肠、腊肉各20克，葱5克

调味料 油、盐、白糖、香油各适量

做法

1. 将豆腐洗净，切小块，放在开水中煮2分钟后捞起装碟；将香肠、腊肉分别洗净，切丁；葱洗净，切葱花。

2. 起锅放油，倒入香肠、腊肉爆香，放入盐、白糖、葱花，炒熟后放在豆腐上。

3. 淋上香油即可。

芙蓉烧豆腐

原材料 豆腐300克，鲜菇、五花肉、菠萝各50克，葱末、淀粉各适量

调味料 油、豆瓣酱、白糖、盐各适量

做法

1. 将豆腐洗净，切丁；将鲜菇、五花肉、菠萝切小块。

2. 油锅烧热，倒入五花肉、豆瓣酱爆炒；放入鲜菇、菠萝再小炒片刻，放入水、白糖、盐烧开；加入豆腐煮3分钟。

3. 加入淀粉勾芡，撒上葱末即可。

纸包嫩豆腐

原材料 豆腐250克，葱50克，胡萝卜50克，肉末50克

调味料 香油10毫升，料酒10毫升，酱油50毫升，醋5毫升，油适量

做法

1. 将豆腐洗净，焯烫后切块；将胡萝卜、葱均洗净，切碎。

2. 热锅下油，倒入肉末炒熟后捞起；锅中放油，烧到六成热，然后放香油、酱油、料酒、醋，煮沸后放豆腐、肉末，煮三四分钟；然后放葱、胡萝卜，再煮3分钟；起锅，把豆腐放在玻璃纸上。

川味水煮豆腐

原材料 嫩豆腐300克，生菜、芹菜、葱花、姜、蒜、干红辣椒、淀粉各适量

调味料 盐5克，料酒3毫升，豆瓣酱10克，花椒2克，酱油5毫升，油适量

做法

1. 将豆腐切片，焯水；干红辣椒切段，入油锅，加花椒稍炸，捞出剁成花椒末；将姜、蒜切末；生菜洗净；芹菜切段。
2. 将油烧热，放豆瓣酱、姜、蒜炒香，加入盐、酱油、料酒烧沸。放入生菜、芹菜、豆腐煮熟，用淀粉勾芡装盘，撒花椒末、干红辣椒和葱花。

老乡村麻婆豆腐

原材料 豆腐300克，猪绞肉50克，葱、鲜汤、水淀粉各适量

调味料 酱油、豆瓣酱各适量

做法

1. 将豆腐洗净，切块；将葱洗净，切花；将猪绞肉、豆瓣酱用高火爆香后取出，与酱油、鲜汤拌匀，制成酱汁。
2. 将酱汁淋在豆腐上，入砂锅中煮5分钟，倒出汤汁，用水淀粉勾芡后淋在豆腐上，撒上葱花即成。

豆腐鱼汤

原材料 豆腐80克，鱼肉片50克，生姜末2克

调味料 盐2克，油适量

做法

1. 豆腐洗净，切块。
2. 锅置火上，加油烧热，下入鱼片过油，捞出。
3. 锅中留少许底油，加入鱼片、豆腐、生姜末和适量水，煮30分钟后，调入盐即可。

大厨献招：豆腐可用盐腌渍片刻，这样更容易入味。

适合人群：一般人都可食用。

阿婆豆腐

原材料 豆腐500克，猪肉150克，干红辣椒碎3克，香葱、淀粉各适量

调味料 盐5克，豆豉10克，酱油20毫升，蚝油5毫升，油适量

做法

1. 将猪肉剁碎；将豆腐切块；将香葱切葱花；将淀粉、酱油、蚝油、水兑芡汁。
2. 油锅烧热，入肉末炒熟后起锅装碗里。锅下油再烧热，放干红辣椒碎、豆豉炒香，加半碗水，烧沸后放豆腐、肉末，煮3分钟后放盐和芡汁；撒上葱花。

里脊嫩豆腐

原材料 豆腐800克，里脊肉250克，豆豉50克，淀粉3克，香菜适量

调味料 盐5克，料酒1毫升，酱油20毫升，油适量

做法

1. 将豆腐切成块，用开水烫一下，倒出控净水；将里脊肉切成条，用少量酱油、淀粉拌匀。
2. 锅内放油，先将豆腐煎炒，随后放入豆豉、里脊肉，加上余下酱油、盐、料酒，并加适量水煮5分钟；起锅后撒上香菜即可。

肉末豆腐

原材料 豆腐500克，香葱50克，猪肉150克，干红辣椒碎、淀粉各适量

调味料 豆瓣酱3克，盐5克，豆豉、酱油、油、花椒粉各适量

做法

1. 将猪肉洗净剁成肉末；将豆腐切块；将香葱洗净切碎；将豆瓣酱和酱油、淀粉放一个碗里加水兑成芡汁。
2. 将肉末炒熟后装碗里，热锅下油，放干红辣椒碎、豆豉炒香，加水，煮沸后放豆腐、肉末，煮三四分钟后放盐和芡汁；再撒上葱碎和花椒粉。

酱汁豆腐

原材料 石膏豆腐250克，生菜20克，番茄汁20毫升，淀粉10克，水淀粉3毫升
调味料 白糖5克，油、红醋各少许

做法

1. 将豆腐洗净切长条，均匀裹上淀粉；将生菜洗净垫入盘底。
2. 热锅下油，放入豆腐条炸至金黄色，捞出控油，放在生菜上。
3. 锅中留少许油，放入番茄汁炒香，加入少许水、红醋、白糖，用水淀粉勾芡后，淋在豆腐上即可。

客家酿豆腐

原材料 豆腐4块，猪肉500克，香菇10克，鸡毛菜适量
调味料 油、酱油、蚝油、盐各适量

做法

1. 将猪肉、香菇剁蓉，加盐混合成馅；将豆腐切块，在中间挖个洞；用筷子把馅挤入豆腐的洞中；将鸡毛菜洗净焯水装饰盘底。
2. 热锅下油，放入豆腐块，加盐，用温火煎成金黄色后盛盘。另起锅，把调味料混合煮好，淋在煎好的豆腐上即可。

鲜百合豆腐

原材料 豆腐2块，瘦肉60克，鲜百合、玉米粒、枸杞、姜片、葱花、淀粉各适量
调味料 盐5克，酱油4毫升

做法

1. 将鲜百合洗净，掰开；将瘦肉切条，加盐、酱油和淀粉腌好；将豆腐切成块。
2. 把开水倒入锅中，放入鲜百合瓣、玉米粒、枸杞、姜片，水开了之后，放入豆腐块和腌好的瘦肉，盖上盖，煮开后放盐，再煮5分钟，撒上葱花即可。

客家烧豆腐

原材料 豆腐500克，红椒80克，青椒80克，火腿肠80克

调味料 油、豆瓣酱、盐、酱油各适量

做法

1. 将豆腐、火腿肠和青椒、红椒洗净切条。
2. 炒锅加油，待油温升至四成热时将豆腐和青椒、红椒分别下入油锅中炸，至豆腐呈金黄色时捞出控油；锅留底油加入豆瓣酱、酱油、盐，烧开后，放豆腐、火腿肠和青椒、红椒，改小火煮至均匀即可。

功德豆腐

原材料 南豆腐250克，香菇50克，蘑菇15克，鲜汤适量

调味料 盐3克，油、酱油、料酒、白糖、香油各适量

做法

1. 将豆腐切圆形；将香菇、蘑菇洗净。
2. 锅中放油，烧至七成热时下豆腐炸至金黄色，放酱油和鲜汤烧入味，汤浓后加盐、白糖、料酒勾芡淋在豆腐顶部，再码上香菇和蘑菇，淋上香油即可。

旭日映西施

原材料 豆腐500克，猪肉300克，青菜200克，姜末、蒜末各适量

调味料 盐3克，油、酱油、料酒、豆瓣酱、糖各适量

做法

1. 将豆腐切块，用盐水浸泡；将猪肉切小块，用酱油、料酒腌渍备用。
2. 锅中烧开水，倒入豆腐焯水，捞出装盘。起油锅，放姜末、蒜末、豆瓣酱爆香，入猪肉翻炒，加盐、糖、酱油、少许清水，以大火煮至汁收，起锅摆放在已装盘的豆腐上。
3. 用焯过水的青菜摆盘即可。

红烧豆腐

原材料 豆腐800克，青菜适量

调味料 豆瓣酱5克，辣椒酱5克，盐3克，酱油30毫升，油适量

做法

1. 将豆腐以沸水快速烫过后冲冷水，再切成条状；将青菜洗净、焯水后装饰盘底。

2. 锅中放油，油热后放豆瓣酱、辣椒酱炒匀；锅中加适量水，加盐、酱油，待水开后倒入豆腐，以大火煮三四分钟，装盘即可。

烧汁豆腐

原材料 豆腐400克，鸡蛋2个，芝麻、淀粉、日本烧汁、水淀粉各适量

调味料 盐3克，油、白糖各适量

做法

1. 将豆腐切条；将鸡蛋液加淀粉打成糊。

2. 将豆腐裹匀蛋糊，放入五成热油中炸至焦黄酥脆，捞出控油，装盘；锅中留底油，放入盐、白糖、日本烧汁调匀，用水淀粉勾芡，浇在豆腐上。

3. 撒上芝麻即可。

豆腐

鸡蛋

芝麻

农家豆腐

原材料 豆腐500克，猪肉100克，葱、淀粉、蒜、干红辣椒段各适量

调味料 盐、花椒、胡椒粉、生抽、油各适量

做法

1. 将豆腐切块；将葱切碎；将猪肉切薄片，用盐、胡椒粉、淀粉、生抽拌好。
2. 锅中热油，将豆腐略煎盛起，再炒肉片，也盛起。锅内放油，爆香干红辣椒段、花椒、蒜，倒入豆腐和猪肉，加盐、生抽、水，稍炖，装盘，撒葱花。

农家大碗豆腐

原材料 豆腐200克，肉末50克，青辣椒、红辣椒、姜末各适量

调味料 油、盐、料酒、香油各适量

做法

1. 豆腐洗净，切方块；肉末用少许盐、料酒、姜末腌渍片刻；将青辣椒、红辣椒洗净，切圈。
2. 炒锅加油烧热，入肉末煸炒至熟，盛起。炒锅再入油烧热，入豆腐块炸至两面脆黄，加盐调味，烹入适量的水煮开，加肉末、青辣椒圈、红辣椒圈，淋香油，拌匀后盛起即可。

鲜汁豆腐

原材料 豆腐100克，生姜、素高汤、水淀粉各适量

调味料 盐3克，油、酱油、醋、糖、胡椒粉各适量

做法

1. 将豆腐切片；将生姜切碎；将酱油、醋、糖、盐、素高汤、胡椒粉及姜碎混合后备用。
2. 将豆腐放进平底大碗，加入素高汤蒸15分钟，蒸好后摆盘；另起油锅，将混合的调味料煮滚，用水淀粉勾芡好，汁成，淋在豆腐上即可。

秘制熊掌豆腐

原材料 豆腐500克，猪肉50克，姜、蒜、肉汤、水淀粉各适量

调味料 盐3克，油、豆瓣、料酒、酱油、香油各适量

做法

1. 将豆腐、猪肉切片；将豆瓣剁细。
2. 起油锅，将豆腐两面煎成浅黄色。另起油锅，入肉片炒散，加入豆瓣，放姜、蒜炒香，入肉汤，下豆腐、酱油、盐炒匀，加料酒烧沸，用小火煨入味，以水淀粉勾芡推匀，收汁；淋香油入盘。

锅塌豆腐

原材料 豆腐500克，猪绞肉70克，鲜香菇100克，鸡蛋2个，香菜5克，姜、蒜蓉、玉米淀粉、水淀粉各适量

调味料 盐、油、酱油、蚝油、糖各适量

做法

1. 将豆腐切块，让豆腐两面蘸上玉米淀粉，并蘸上蛋液。
2. 热锅下油，将豆腐煎至两面金黄；另起油锅，入姜、蒜蓉爆香，放入猪绞肉炒熟，再入鲜香菇略炒，放入煎好的豆腐，加水和调味料，待汁收，用水淀粉勾芡，装盘，撒上香菜即可。

贵妃豆腐

原材料 豆腐500克，虾仁100克，蒜、淀粉、水淀粉各适量

调味料 盐3克，番茄酱、油、酱油、糖各适量

做法

1. 将豆腐切成菱形，裹上淀粉。
2. 锅中放油烧热，将豆腐放入炸成金黄色，捞起盛盘；锅内放油烧热，加蒜爆香，加入水、番茄酱、酱油、盐、糖，加入豆腐和虾仁，放入水淀粉，炒匀出锅；将烧好的酱汁浇在豆腐上即可。

山珍豆腐包

原材料 豆腐350克，虾仁100克，五花肉200克，鲜菇100克，青菜、玉米粒、酱瓜、韭菜、水淀粉、上汤各适量

调味料 盐3克，油、蚝油、盐、香油各适量

做法

1. 将豆腐炸过后钻出空心，将虾仁、五花肉、玉米粒、酱瓜切成极细的丝，酿入豆腐中，用韭菜扎好开口处。

2. 用油起锅，加焯水后的鲜菇、青菜，用调味料调味翻炒，入豆腐和上汤同煮，最后用水淀粉勾芡；淋上香油即可。

布袋豆腐

原材料 豆腐500克，虾仁、五花肉各200克，蒜末、玉米粒、酱瓜、韭菜各适量

调味料 油、盐、蚝油、鸡粉、鲍汁、酱油各适量

做法

1. 将虾仁、五花肉、酱瓜切成极细的丝备用。

2. 起油锅，入豆腐炸熟，捞起钻出空心。锅内放油，烧热，入蒜末炒香，放虾仁、五花肉、玉米粒翻炒，加盐、酱油、蚝油、鸡粉、水烧熟，酿入豆腐中，用韭菜扎好开口处，淋上鲍汁即可。

大厨献招： 配碟芥末蘸食味道会更好。

适合人群： 很适合儿童食用。

香辣烧豆腐

原材料 豆腐250克，青椒、红椒、洋葱丝、瘦肉丝各10克

调味料 绍酒5毫升，豆豉、油、盐各适量

做法

1. 将豆腐切三角形；将青椒、红椒切菱形。
2. 将豆腐下锅炸至金黄色后捞起待用。
3. 锅留少许油，下瘦肉、青椒、红椒、洋葱煸炒，放调味料调味，倒入豆腐、豆豉，翻炒2分钟即可。

客家煲仔豆腐

原材料 豆腐200克，青菜、熟黄豆、姜末、葱花各适量

调味料 油、盐、蚝油、胡椒粉各适量

做法

1. 豆腐洗净切块；将青菜洗净，用开水焯熟待用。
2. 将豆腐煎至两面金黄待用。
3. 锅内留少许油，加姜末、盐、胡椒粉、蚝油、适量水，以大火烧开起泡做成酱汁，将青菜和豆腐、熟黄豆一起装盘，淋上酱汁，撒上葱花即可。

土家豆腐钵

原材料 豆腐200克，五花肉80克，高汤300毫升，青辣椒、红辣椒、洋葱、香菜各适量

调味料 盐、油、辣椒油、胡椒粉各适量

做法

1. 将豆腐焯水切片；青辣椒、红辣椒洗净切段；洋葱洗净切块；五花肉煮熟切片。
2. 锅中放油，将豆腐煎至两面金黄；放入洋葱，加辣椒油、盐炒匀，和高汤、五花肉放入钵中，炖煮10分钟；放入胡椒粉拌匀出锅；撒上辣椒、香菜。

乡村豆腐

原材料 豆腐300克，猪肉125克，蒜苗、高汤、淀粉、葱末、姜末、蒜末各适量

调味料 酱油10毫升，豆瓣酱40克，油、盐、红油各适量

做法

1. 将豆腐洗净，切成大块；将猪肉切片；将蒜苗洗净，切碎。
2. 锅中放油烧热，将豆腐煎成金黄色，捞出待用。
3. 锅中留少许油，下葱末、姜末、蒜末炒香，下豆瓣酱、肉片炒香，放入豆腐块和高汤略炒，再加盐、酱油调味，以淀粉勾芡，淋红油，再撒上蒜苗丁。

豆腐　　　猪肉　　　蒜苗

大厨献招：豆腐要用慢火烧透才入味。

适合人群：一般人都可食用，尤其适合男性食用。

黄焖煎豆腐

原材料 豆腐300克，葱、红辣椒各15克，熟芝麻适量

调味料 盐3克，黑胡椒粉、酱油、油各适量

做法

1. 将豆腐洗净切片；将葱、红辣椒切段。
2. 锅中放油，放入豆腐，煎至金黄色捞起；锅底留油，放入红辣椒爆香；加入盐、酱油、水烧开；倒入豆腐、葱，烧至汁浓；加入黑胡椒粉翻炒，撒上芝麻。

家常石磨豆腐

原材料 豆腐300克，红辣椒、葱、蒜各10克

调味料 盐、油、老抽、老干妈酱各适量

做法

1. 将豆腐洗净切片；将红辣椒、葱洗净切段；将蒜洗净切片。
2. 锅放大量油，将豆腐放入，炸至金黄；加入红辣椒、蒜、盐、老抽、老干妈酱；加入半碗水、葱，煮5分钟。
3. 待汁浓稠即可装盘。

湘味石磨豆腐

原材料 豆腐300克，香菇100克，蒜、红辣椒、葱花、干红辣椒各适量

调味料 油、盐、酱油、豆豉各适量

做法

1. 将豆腐洗净，切块；将香菇浸泡，切块；将红辣椒洗净，切丁；将蒜洗净，切末；将干红辣椒洗净，切段。
2. 锅内加油，烧热，把豆腐炸黄捞出。用适量油炒香蒜末、红辣椒丁、干红辣椒和豆豉，加入香菇、酱油、盐炒匀，倒入炸过的豆腐拌匀，撒上葱花即可。

焖煎豆腐

原材料 豆腐350克，高汤、葱圈、蒜、姜末各适量

调味料 油、盐、酱油、香油、豆瓣辣酱各适量

做法

1. 将豆腐洗净切方片；将蒜洗净切片。
2. 锅用大火烧热，放油，将豆腐片煎成两面黄，然后加姜末、葱圈、豆瓣辣酱、酱油、盐、高汤和蒜片，改用小火焖煮，至豆腐片透出香味，装盘。
3. 淋上香油即可。

上海青豆腐

原材料 豆腐丁、上海青段、鸡肉丁各适量，蒜10克，黑豆、红椒丁各少许，甘草2片，淀粉、葱粒各15克，金银花5克

调味料 酒8毫升，盐5克，油适量

做法

1. 将黑豆、金银花、甘草以3碗水煎煮成药汁。
2. 将鸡肉加酒、盐和淀粉腌渍，再入油锅中滑炒至熟，捞出。
3. 将葱粒、蒜、红椒丁爆香，加入上海青段与药汁煮开，用淀粉勾芡，倒入豆腐与鸡丁煮2分钟即可。

农家滋豆腐

原材料 豆腐350克，韭菜段、红辣椒、水淀粉各适量

调味料 盐、油、老抽、豆瓣酱各适量

做法

1. 将豆腐切片；将红辣椒切圈；热锅放油，将豆腐煎至两面金黄，捞起待用。
2. 锅内留少许油，放入韭菜段、红辣椒爆香，入豆瓣酱，炒香，入豆腐、老抽，炒至上色。加水、盐，小火煮约20分钟，炒匀收汁，用水淀粉勾薄芡出锅。

乡下豆腐

原材料 豆腐350克，红椒、葱花各适量

调味料 油、盐、虾米辣酱、白糖、料酒各适量

做法

1. 将豆腐用清水冲洗后，晾干水分，切小块；将红椒洗净切片。

2. 用油将豆腐两面煎黄，取出；锅内留油，加盐、虾米辣酱、白糖、料酒、红椒煸香，放入煎好的豆腐，将豆腐翻个面，待酱汁裹住豆腐，装盘，撒葱花。

三鲜烧冻豆腐

原材料 海参、虾仁、鱿鱼各70克，冻豆腐200克，青椒、红椒各20克，高汤适量

调味料 盐3克，酱油10毫升，油适量

做法

1. 将海参泡发，切段；将鱿鱼洗净，切块；将冻豆腐、青椒、红椒分别洗净，切块。

2. 锅中加油，烧热，下青椒、红椒、海参、虾仁、鱿鱼爆炒，加入酱油、高汤烧开。

3. 再下入冻豆腐，烧至冻豆腐熟后，加盐调味即可。

蓬莱豆腐

原材料 嫩豆腐400克，肉末100克，紫菜20克，葱20克

调味料 盐4克，白糖50克，酱油30毫升，油、香油、花椒、黄酒各少许

做法

1. 将葱切碎；将紫菜切丝；将豆腐切块。

2. 起油锅，放入花椒略炸后捞出；锅内加入白糖，改用小火炒至红色时，放入肉末炒散；放入豆腐，加入酱油、盐、黄酒和少许水；用慢火煨至汤汁浓稠。

3. 出锅，撒上葱花和紫菜丝，淋上香油。

百合豆腐

原材料 豆腐2块，鲜百合30克，番茄、青椒各1个，水发黄花菜20克，蒜片15克，鸡汤、水淀粉各适量

调味料 盐、油、香油各适量

豆腐　　　百合　　　番茄

做法

1. 将百合洗净；将番茄洗净，切块；将青椒洗净，切块；将豆腐洗净，切块；将水发黄花菜洗净，挤干水分。

2. 锅中加油烧热，爆香蒜片，加入百合快炒，再依次将青椒、豆腐、番茄倒入炒匀，淋入鸡汤，放入黄花菜烩煮3分钟，用水淀粉勾芡，放盐调味，淋上香油即可食用。

大厨献招： 加入适量鸡精，此菜味道会更鲜美。

适合人群： 一般人都可食用，尤其适合女性食用。

口蘑豆腐

原材料 豆腐500克，口蘑100克，青菜、姜末、淀粉各适量

调味料 盐3克，酱油20毫升，料酒、白糖、油各少许

做法

1. 将豆腐洗净切片，将口蘑洗净切成丁，分别用开水烫一下；将青菜焯熟装盘。
2. 锅内放油，油热后爆香姜；加水烧开，把烫好的豆腐、口蘑倒入，加上料酒、酱油、盐、白糖，以小火焖烧8分钟。
3. 出锅前用淀粉勾芡即成。

茯苓豆腐

原材料 豆腐500克，茯苓30克，香菇、枸杞、生粉、清汤各适量

调味料 油、盐、料酒各适量

做法

1. 将豆腐洗净，挤压出水，切成小方块，撒上盐；将香菇洗净，切成片。
2. 将豆腐块下入高温油中炸至金黄色。
3. 将清汤、盐、料酒倒入锅内烧开，加生粉勾成白汁芡，下入炸好的豆腐、茯苓、枸杞、香菇片炒匀即成。

三杯豆腐

原材料 豆腐220克，罗勒100克

调味料 低盐酱油、油各适量

做法

1. 将罗勒挑取嫩叶，洗净；将豆腐洗净，切方块备用。
2. 起油锅，放入豆腐炸至两面酥黄，捞起沥干。
3. 留底油，加入2碗水、低盐酱油，转大火煮沸，再转小火煮至水分收干，加入罗勒和豆腐拌匀即可。

牛肉末烧豆腐

原材料 豆腐200克，牛肉20克，姜5克，蒜5克，上汤、葱花各适量

调味料 豆瓣酱10克，花椒粉2克，盐5克，干红辣椒粉、油各适量

做法

1. 将豆腐、牛肉、姜、蒜洗净，切好。
2. 将豆腐焯水后捞出，油锅爆香姜、蒜、牛肉末，加入豆瓣酱炒香，放干红辣椒粉炒上色后，下上汤、豆腐。
3. 调入盐，烧入味起锅装盘，撒上花椒粉、葱花即成。

豆腐鲢鱼

原材料 豆腐2块，鲢鱼1条，蛋清2个，姜末、葱末、蒜末、豆粉、鲜汤、干红辣椒碎各适量

调味料 盐5克，油、豆瓣酱、料酒各适量

做法

1. 将鲢鱼切块，加入盐、蛋清、豆粉拌匀，入油锅炸至金黄色；将豆腐切块。
2. 油烧热，放入豆瓣酱、姜、葱、蒜炒香，加入鲜汤煮沸，再放入料酒、鱼块、豆腐烧入味，装盘，撒上干红辣椒碎即可食用。

小麻花焗豆腐

原材料 豆腐350克，小麻花100克，香葱适量

调味料 盐3克，红油5毫升

做法

1. 将豆腐洗净切成块；将小麻花掰成段备用；将香葱洗净，切成葱花。
2. 锅中注水烧热，下豆腐，调入红油继续烧熟。
3. 加适量盐调味，撒上小麻花和葱花即可食用。

乡土煎豆腐

原材料 豆腐500克，红辣椒10克，鲜汤200毫升
调味料 盐3克，干锅酱8克，辣椒油5毫升，酱油、油各适量

做法

1. 将豆腐切块；将红辣椒洗净切斜段。
2. 锅倒油烧热，下入豆腐煎至两面金黄色后盛出；放入干锅酱、盐、酱油、鲜汤煮开，再倒入豆腐、红辣椒，用小火烧至入味，淋辣椒油，盛入干锅中即可。

剁椒腌肉豆干

原材料 老豆腐200克，腌肉150克，葱花、剁椒各适量
调味料 油、盐、酱油各适量

做法

1. 将老豆腐洗净，片成薄片。锅内倒适量油，撒少许盐，将豆腐入锅煎成豆干，捞出备用；将腌肉洗净切片。
2. 锅内留油，放入腌肉大火翻炒2分钟，再将煎好的豆干倒入锅内一起翻炒。
3. 最后加入适量剁椒、酱油，倒适量水焖煮收汁，装盘后撒上葱花即可。

小葱煎豆腐

原材料 老豆腐250克，鲜肉100克，姜末、葱段各适量
调味料 油、盐、料酒、酱油各适量

做法

1. 将老豆腐洗净切片，入油锅煎透捞出；将鲜肉洗净切丁，加料酒腌5分钟。
2. 锅内留少许油，放适量姜末，倒入腌好的鲜肉以大火翻炒，七成熟时加煎好的豆腐继续翻炒。
3. 加葱段、酱油、盐继续翻炒，加少许水焖煮收汁，装盘即可。

平锅煎豆腐

原材料 豆腐500克，虾仁75克，猪肉20克，香葱10克，鸡蛋50克，蒜蓉、香菜适量

调味料 盐3克，酱油20毫升，油、香醋、糖、辣椒油各适量

做法

1. 将虾仁洗净；将香葱洗净，切葱花；将鸡蛋打散；将豆腐洗净切成小片，浸泡在蛋液中5分钟；将猪肉洗净剁成肉末；将盐、酱油、香醋、糖、蒜蓉、辣椒油拌成调料汁。

2. 平锅放油烧热，放入裹着蛋汁的豆腐块，以小火两面煎黄，将虾仁、肉末放在豆腐上煎5分钟。

3. 淋上调料汁，再煎3分钟，撒上葱花，摆上香菜即可。

 豆腐　　 虾仁　　 猪肉

大厨献招：最好选用老豆腐，嫩豆腐容易煎散。

适合人群：很适合儿童食用。

韩式石板豆腐

原材料 豆腐800克，牛肉200克，泡菜、香葱末、黑白芝麻、豆豉各适量

调味料 盐3克，辣椒酱10克，酱油20毫升，油、红油各适量

做法

1. 将豆腐焯水捞出；将牛肉切末。
2. 起油锅，将牛肉末、泡菜略炒一下；加入盐、辣椒酱、酱油、香葱、豆豉、红油翻炒均匀。
3. 石板淋油烧热，将豆腐放入石板上，撒上盐、黑白芝麻；将炒好的肉末酱汁铺在豆腐上煎制即可。

清远煎酿豆腐

原材料 豆腐200克，去皮五花肉100克，青菜50克，葱花、清汤各适量

调味料 油、盐、糖、胡椒粉各适量

做法

1. 将豆腐洗净切块；将去皮五花肉洗净剁碎，加所有调味料搅拌均匀；将青菜焯熟待用。
2. 在每块豆腐中间都挖个小洞，放入肉馅。平锅放油，放入酿好的豆腐煎至两面金黄。
3. 取出豆腐，放入砂锅，加清汤、盐、胡椒粉烧熟，最后和青菜一起装盘，撒上葱花即可。

烤鸭炖豆腐

原材料 豆腐80克，烤鸭肉50克，青菜15克，葱花适量

调味料 香油、盐、糖各适量

做法

1. 将豆腐用水洗净切块；将烤鸭肉切块；将青菜洗净备用。
2. 锅中加水，水开后，放入豆腐、烤鸭肉大火炖煮20分钟，转为小火慢慢熬制25分钟。
3. 放入青菜，加调味料调味，撒葱花。

豆腐煎饼

原材料 豆腐300克，猪肉100克，鸡蛋2个，皮蛋、红椒、葱各适量，生粉10克

调味料 盐5克，胡椒粉5克，油适量

做法

1. 将豆腐洗净压碎；将猪肉洗净剁末；将皮蛋剥壳，切末；将红椒、葱均洗净切成小粒。

2. 将豆腐泥入碗中，加猪肉末、皮蛋末，打入蛋清搅匀，调入盐、胡椒粉调味，再放入生粉拌匀，做成豆腐饼。

3. 起油锅，将豆腐饼两面煎至金黄色后，撒上红椒粒、葱花即可。

豆腐狮子头

原材料 鲜豆腐300克，鸡蛋2个，番茄1个，苹果1个，香蕉1根，淀粉15克
调味料 白糖20克，油适量

做法

1. 将鲜豆腐压成泥；将苹果、香蕉去皮切成粒；将鸡蛋打散；将番茄切块。
2. 将豆腐泥、蛋液、白糖、淀粉、苹果粒、香蕉粒和匀，挤成圆球形，放入热油中炸成金黄色，摆入盘中。
3. 炒锅倒水，加番茄、白糖，勾芡调成汁，淋在豆腐上即可。

潮式炸豆腐

原材料 嫩豆腐8块，蒜蓉5克，葱白5克，香菜3克，韭黄1克，开水100毫升
调味料 盐5克，油适量

做法

1. 先将豆腐对角切成三角形，然后用油炸至金黄色。
2. 将葱白、香菜、韭黄洗净切成细末，加入蒜蓉、开水、盐，调成盐水。
3. 将炸好的豆腐放入碟中，跟调好的盐水一起上桌即可。

江南一片香

原材料 豆腐350克，红薯粉、淀粉、白萝卜、姜各适量
调味料 油、盐、糖、酱油各适量

做法

1. 将豆腐切块，沥干水分后蘸上红薯粉和淀粉；将白萝卜和姜洗净捣成泥状。
2. 锅内烧热油，将豆腐放入油锅炸成金黄色，捞起；锅留少许油，加糖、酱油、盐、水入锅煮开，再放入白萝卜泥和姜泥，一起煮成调料。
3. 将炸豆腐蘸调料吃即可。

木桶米豆腐

原材料 米豆腐500克，蒜、姜各5克，葱花、高汤各适量

调味料 盐、油、豆瓣酱、辣椒粉、胡椒粉各适量

做法

1. 将豆腐切成小块；将蒜、姜切碎待用。
2. 将油倒入锅中烧热，放入姜蒜炒香，放入豆腐、豆瓣酱翻炒，用木桶装起；加高汤、盐、辣椒粉、胡椒粉入木桶，炖10分钟，撒上葱花即可。

绣球豆腐

原材料 嫩豆腐300克，鸡蛋2个，红辣椒2个，葱10克，淀粉8克

调味料 盐5克，胡椒粉3克，油适量

做法

1. 将豆腐洗净后压碎；将红辣椒洗净去蒂、去籽切丝；将葱洗净切细丝备用。

2. 将鸡蛋取蛋清打入碗中打匀后，加入碎豆腐一起搅匀，调入盐、胡椒粉和淀粉搅拌均匀。
3. 起油锅，将豆腐挤成丸子入油锅中炸至金黄色后，沥油，装入盘中，再撒上红辣椒丝和葱丝即可。

豆腐

鸡蛋

红辣椒

蘸水老豆腐

原材料 豆腐3块，小白菜100克，胡萝卜片、芝麻各适量

调味料 盐3克，酱油、香油、老抽、油各适量

做法

1. 将豆腐洗净，切小片；将小白菜放入开水中，加盐、油煮熟。
2. 锅中放入水烧开，放入豆腐、胡萝卜，加盐烧10分钟，加入香油、小白菜。
3. 取碗，加入适量酱油、芝麻、老抽、香油，拌匀成酱汁佐食。

金银豆腐羹

原材料 豆腐1盒，咸蛋3个，水发香菇、鲜笋、火腿、水淀粉、葱花、鲜汤各适量

调味料 盐3克，胡椒粉1克，番茄酱20克，油适量

做法

1. 将豆腐切丁；将鲜笋、水发香菇、火腿切块焯水；将咸蛋取蛋黄用刀压成蓉。
2. 炒锅放油，放咸蛋蓉炒香，加番茄酱炒匀，倒入鲜汤，放入笋、香菇、火腿烧沸，加盐、胡椒粉，用水淀粉勾芡，再入豆腐丁烩至入味，起锅撒上葱花。

纸火锅泰皇豆腐

原材料 豆腐200克，虾仁、鱿鱼、带子、青口各50克，鸡汤500毫升

调味料 泰皇酱200克，香油、盐各适量

做法

1. 将豆腐洗净切成块状；将虾仁、鱿鱼、带子、青口洗净，加盐水焯烫备用。
2. 将泰皇酱、鸡汤入锅煮沸，调入香油、盐煮匀。
3. 放入用盐水焯烫过的原材料，煮熟倒在纸火锅中即可。

泰式炖豆腐

原材料 豆腐2块，瘦肉100克，青辣椒、红辣椒各10克，洋葱10克，桂叶适量

调味料 油、料酒、盐、番茄酱各适量

做法

1. 将豆腐、瘦肉、洋葱洗净切片；将青辣椒、红辣椒洗净切段。
2. 锅中放油，放入青辣椒、红辣椒、洋葱、番茄酱爆香；倒入瘦肉、料酒翻炒；放入水、桂叶烧开；最后加入豆腐、盐再煮2分钟，即可出锅。

牛奶炖豆腐

原材料 豆腐250克，牛奶250毫升，姜末5克

做法

1. 将豆腐过热水后切"日"字状，沥干水分；将姜末入锅中炒熟备用。
2. 起锅，倒入牛奶烧开；放入豆腐再以小火煮3分钟。
3. 盛碗，撒上熟制姜末即成。

铁板海鲜秘制豆腐

原材料 豆腐300克，鲜菇100克，虾条50克，青椒、红椒各10克，西蓝花50克

调味料 盐3克，油适量

做法

1. 将豆腐切块；将鲜菇、青椒、红椒、虾条切段。
2. 将鲜菇、西蓝花、虾条放入沸水中烫煮2分钟捞出备用；另起油锅，放入青椒、红椒、鲜菇、西蓝花、虾条炒熟；再放入豆腐，加盐和水，炖煮10分钟。
3. 出锅，盛放在烧热的铁板上。

山水名人豆腐

原材料 豆腐300克，蟹棒、虾仁各80克，清汤、熟鸡蛋黄、菜茎各适量
调味料 盐3克

做法

1. 将豆腐切块；将蟹棒斜切段；将菜茎洗净切片；将虾仁洗净；将蛋黄捣碎。
2. 起锅，倒入清汤，煮沸后倒入蟹棒、虾仁煮5分钟；加入豆腐，加盐、菜茎一起炖煮5分钟。
3. 出锅，撒上熟鸡蛋黄末即成。

家乡水煮豆腐丁

原材料 豆腐250克，红椒、香菜、水淀粉各适量
调味料 油、盐、香油各适量

做法

1. 将豆腐洗净切成小块；将红椒洗净切丁；将香菜洗净切碎末。
2. 锅放少许油，油烧开后加入水，水开后放入豆腐煮5分钟；加盐、香油调味，撒入香菜、红椒丁再炖煮2分钟。
3. 出锅前用水淀粉勾芡即成。

水煮热豆腐

原材料 黄豆350克，石膏粉、葱末、红椒各适量
调味料 酱油适量

做法

1. 把黄豆浸在水里，泡涨变软后，磨成豆浆，再滤去豆渣；将石膏粉加适量水搅拌备用；将红椒洗净切圈。
2. 热锅，将豆浆倒入，煮开，加入石膏粉，再挤出水分，制成豆腐。
3. 淋上酱油，摆上红椒圈，撒上葱末即可食用。

罐罐豆腐

原材料 豆腐300克，熟芝麻、葱各适量
调味料 盐3克，红油适量

做法

1. 将豆腐洗净切成丁，备用；将葱洗净，切成葱花。
2. 锅中注水烧开，下豆腐，调入红油继续烹煮片刻。
3. 加适量盐调味，撒上葱花和熟芝麻即可食用。

红扒豆腐

原材料 豆腐350克，口蘑、蒜末各适量
调味料 盐、橄榄油、生抽、蚝油各适量

做法

1. 将豆腐用盐水泡10分钟，切成块；将口蘑洗净，切片。
2. 锅热后，加少许橄榄油，先入蒜末爆香，然后加入口蘑翻炒；倒入豆腐块，加入少许盐、生抽、蚝油、水，炖8分钟起锅即可。

奶黄豆腐

原材料 豆腐200克，黄瓜、番茄、椰奶、栗粉各适量
调味料 白糖适量

做法

1. 将豆腐用水洗净切成块状，备用；将栗粉倒入椰奶中，调匀；将黄瓜、番茄分别洗净切丁。
2. 锅中注适量水烧沸，调入椰奶汁，下豆腐、黄瓜和番茄煮开。
3. 加适量白糖调味即可。

胡萝卜辣豆腐

原材料 豆腐2块，胡萝卜、水发黑木耳、青椒、蒜末、葱花、泡椒、水淀粉各适量

调味料 盐3克，油、生抽、豆瓣酱、醋各适量

做法

1. 将豆腐洗净，切块；将胡萝卜、青椒、水发黑木耳洗净，切片；泡椒、豆瓣酱剁碎；将生抽、醋、盐一起制成味汁。
2. 起油锅，入蒜末、豆瓣酱、泡椒炒香，再入豆腐块、胡萝卜、青椒、黑木耳同炒，加入调好的味汁，待汤汁变稠时，用水淀粉勾芡，撒上葱花即可。

菜豆腐

原材料 豆腐250克，小白菜100克，葱花、水淀粉各适量

调味料 盐3克，香油10毫升

做法

1. 将豆腐用清水浸泡片刻，捞出沥干，切成丁；将小白菜洗净，沥干切末。
2. 锅中注水烧沸，下豆腐稍煮，加入小白菜和葱花煮至断生。
3. 加盐和香油调味，用水淀粉勾薄芡即可食用。

西蓝花豆腐鱼块煲

原材料 豆腐200克，西蓝花125克，草鱼肉75克，红椒粒、姜片各3克

调味料 盐4克，油适量

做法

1. 将草鱼肉洗净，切块；将西蓝花洗净，掰成小朵；将豆腐洗净，切块。
2. 起油锅，入草鱼肉翻炒片刻后，注入适量清水，放入豆腐、西蓝花，加盐、姜片、红椒粒，煲至熟即可。

豆腐茄子苦瓜煲鸡

原材料 卤水豆腐100克，茄子75克，苦瓜45克，鸡胸肉30克，葱花、红椒丝、高汤各适量

调味料 盐适量

做法

1. 将豆腐洗净切块；将茄子、苦瓜洗净切块；将鸡胸肉洗净切小块。

2. 炒锅上火，倒入高汤，下入豆腐、茄子、苦瓜、鸡胸肉，再调入盐煲至熟，撒上葱花、红椒丝即可。

豆腐 　　茄子 　　苦瓜

大厨献招： 苦瓜最好切成薄片后再烹饪，味道会更佳。

适合人群： 一般人都可食用，尤其适合女性食用。

皇家一品豆腐

原材料 豆腐350克，鲜蘑菇100克，豌豆100克，蒜、葱花、姜、淀粉各适量

调味料 油、盐、香油、胡椒粉各适量

做法

1. 将鲜蘑菇洗净切丁，将豆腐以沸水烫后切丁；将豌豆洗净；将蒜、姜去皮洗净，切末。
2. 锅内放油烧热，放入蒜末、姜末爆香，加入蘑菇丁、豌豆煸炒，然后倒入清水，待煮沸后倒入豆腐丁，入盐调味，用淀粉勾薄的透明芡，并撒上葱花、胡椒粉出锅，淋上香油即可。

太岁爷豆腐

原材料 豆腐300克，黄油、鲜虾各20克，香菇、生姜各适量

调味料 油、盐、香油各适量

做法

1. 将豆腐洗净切薄片；将鲜虾去壳洗净取虾仁；将香菇泡发后切丝；将生姜洗净切末。
2. 锅内放油烧热，放入生姜末煸香，加黄油、盐和适量清水以大火烧开，倒入豆腐、虾仁、香菇丝煮3分钟。
3. 最后淋上香油即可关火。

番茄豆腐汤

原材料 豆腐300克，番茄100克，生姜、葱花各适量

调味料 油、盐、香油各适量

做法

1. 将豆腐洗净切成小块；将番茄洗净切丁；将生姜洗净切末。
2. 锅内放油烧热，放入生姜末爆香，加盐和适量清水，以大火烧开，放入豆腐、番茄以小火煲10分钟。
3. 最后撒上葱花、淋上香油即可关火。

丝瓜豆腐汤

原材料 鲜丝瓜150克，嫩豆腐200克，姜10克，葱15克

调味料 盐5克，酱油、油、米醋各适量

做法

1. 将丝瓜洗净切条；将豆腐洗净切小块；将姜洗净切丝；将葱洗净切末。
2. 炒锅上火，放入油烧热，投入姜丝、葱末煸香，加适量水，下豆腐块和丝瓜条，以大火烧沸；改用小火煮3~5分钟，调入盐、酱油、米醋，调匀即成。

豆腐红枣泥鳅汤

原材料 豆腐200克，泥鳅300克，红枣50克，高汤适量

调味料 盐少许

做法

1. 将泥鳅洗净备用；将豆腐洗净切小块；将红枣洗净。
2. 锅上火倒入高汤，调入盐，加入泥鳅、豆腐、红枣煲至熟即可。

猪血豆腐汤

原材料 豆腐100克，猪血100克，豆苗100克，生姜适量

调味料 油、盐、香油各适量

做法

1. 将豆腐、猪血洗净切成片；将豆苗掐掉根部洗净；将生姜洗净切末。
2. 锅内放油烧热，放入生姜末爆香，加盐和适量清水以大火烧开，倒入豆腐、猪血以小火煲10分钟，放入豆苗。
3. 最后淋上香油即可关火。

豆腐鸭肉汤

原材料 鸭肉200克，豆腐1块，葱段15克，姜片5克，鲜汤750毫升

调味料 油、鸭油、胡椒粉、盐各适量

做法

1. 将鸭肉洗净剁块；将豆腐切成长方块。
2. 起油锅，入姜片、鸭肉块煸炒，加入鲜汤、葱段稍煮，再将汤和鸭肉块全部放入砂锅内。
3. 砂锅置小火上，煮15分钟后加入豆腐块，待汤再沸，放盐，并淋上鸭油，起锅盛入汤碗内，撒上胡椒粉即成。

青菜豆腐羹

原材料 豆腐200克，青菜100克，鲜鸡汤适量

调味料 盐、香油各适量

做法

1. 将豆腐洗净切成小块；将青菜放入开水中汆后捞出，再用冷水冲凉，然后切碎备用。
2. 将鲜鸡汤烧开，加盐、豆腐块煮开。
3. 最后放入切碎的青菜，再淋上香油即可关火。

小葱豆腐汤

原材料 豆腐200克，红椒、葱花各适量

调味料 油、盐、香油各适量

做法

1. 将豆腐用水洗净切成块；将红椒洗净切碎备用。
2. 锅内放油烧热，放入红椒碎煸香，加盐和适量清水以大火烧开，再倒入豆腐煮5分钟左右。
3. 最后淋上香油，撒上葱花即可关火。

肉丝豆腐

原材料 豆腐400克，猪肉150克，红椒30克，葱花、熟芝麻各适量
调味料 盐4克，油、酱油、香油各适量

做法

1. 将猪肉洗净，切丝；将红椒洗净，切圈；将豆腐洗净，切块备用。
2. 将豆腐入开水稍烫，捞出，沥干水分，装盘；将酱油、盐、香油调成味汁，淋在豆腐上。
3. 油锅烧热，放入猪肉，加盐、红椒、葱花炒好，放豆腐上，撒上熟芝麻。

雪里蕻蒸豆腐

原材料 豆腐250克，雪里蕻100克
调味料 盐、香油各适量

做法

1. 将豆腐洗净切成厚片，雪里蕻切成末备用。
2. 将豆腐片均匀地码在盘中，将雪里蕻末铺在豆腐上。加入适量盐，放入蒸锅中，以大火蒸15分钟。
3. 最后淋上香油即可。

剁椒豆腐片

原材料 豆腐200克，剁椒100克
调味料 盐、香油各适量

做法

1. 将豆腐用水洗净，用模具压成香蕉片的大小。
2. 将豆腐均匀码在盘中，将剁椒铺在豆腐上。加适量盐，放入蒸锅中，用大火蒸15分钟左右。
3. 最后淋上香油即可。

八宝笼仔海鲜蒸豆腐

原材料 豆腐1盒，五花肉、虾肉各100克
调味料 料酒、盐、酱油、香油各适量

做法

1. 将豆腐洗净切"日"字状；将五花肉洗净切成片，并与虾肉用盐、料酒腌渍10分钟。
2. 将五花肉、虾肉夹在豆腐的中间，放在蒸笼里以旺火蒸10分钟。
3. 淋上酱油、香油即可。

大厨献招：喜欢吃辣的可放辣椒。
适合人群：一般人都可食用，尤其适合男性食用。

原笼滑豆腐

原材料 豆腐300克，猪肉150克，葱叶15克，淀粉适量
调味料 油、料酒、盐各适量

做法

1. 将猪肉洗净切小块，用淀粉、料酒、盐腌渍；将葱叶洗净切末。
2. 锅中放油烧热，将猪肉炸至金黄色捞起；将豆腐放在蒸笼中间，将炸过的猪肉均匀地放在豆腐上面；以大火蒸10分钟，撒上葱末即可。

金玉满堂

原材料 豆腐300克，青菜20克，圣女果15克，青椒、红椒、高汤各适量
调味料 油、香油、盐、胡椒粉各适量

做法

1. 将豆腐洗净切片；将圣女果洗净对切；将青椒、红椒洗净切末；将青菜洗净。
2. 将青菜焯熟装盘底；将豆腐先用油炸至金黄色捞起装盘；锅入盐、胡椒粉、高汤以大火煮3分钟，撒上青椒、红椒末，淋上香油，倒在豆腐上。

豆腐蒸鲑鱼

| 原材料 | 豆腐1块，葱1棵，姜1小块，鲑鱼300克 |
| 调味料 | 盐3克 |

做法

1. 将豆腐洗净横面平剖为二，摆在盘中。
2. 将鲑鱼洗净，斜切成约1厘米厚的片状，依序排列在豆腐上。
3. 将葱、姜洗净切细丝，铺在鱼上，均匀撒上盐；在蒸锅中加2碗水煮开后，将盘移入，以大火蒸3~4分钟即成。

豆腐　　　葱　　　姜

大厨献招： 选购时记着要买肉色新鲜、柔软油润带光泽的鲑鱼。

适合人群： 一般人都可食用，尤其适合儿童食用。

百花蛋香靓豆腐

原材料 豆腐200克，虾胶150克，咸蛋黄10克，鸡蛋液、菜心、生粉各适量

调味料 盐3克，白糖适量

做法

1. 将鸡蛋液蒸成水蛋；将豆腐切成圆筒形，将中间挖空；将咸蛋黄切粒。
2. 将白糖、盐加入虾胶里，搅匀后酿在挖空的豆腐中间，将咸蛋黄放在虾胶上，蒸熟后将豆腐取出放在水蛋上；将菜心焯熟，围在豆腐周围；用生粉勾芡后淋入盘中。

臊子豆腐

原材料 豆腐300克，榨菜100克，红辣椒、葱、芝麻各适量

调味料 红油、盐各适量

做法

1. 将豆腐洗净切薄片放在碟上；将红辣椒洗净切圈；将葱洗净切末。
2. 将榨菜、葱末、红辣椒用碗装，搅拌均匀；撒在豆腐上面，放入红油、盐蒸10分钟。
3. 关火，撒上芝麻即可。

美味豆腐饼

原材料 豆腐200克，虾仁150克，鸡蛋1个，青豆、面粉、酵母粉各适量

调味料 盐4克，油适量

做法

1. 将豆腐、虾仁切碎；将青豆洗净泡发。
2. 将豆腐、虾仁、面粉放在盆中，加水、盐、酵母粉搅拌均匀后制作成饼状。
3. 锅中加油，放入打散的鸡蛋液煎成蛋皮，取出切成条状；用青豆、鸡蛋条装饰豆腐饼，放入烤箱烤熟即可。

豆花

别名：豆腐花、豆腐脑
性味：性平，味甘、咸
适合人群：一般人均可食用

食疗功效

降低血脂

豆花不含胆固醇，可改善人体脂肪结构，是降低血脂的食疗佳品。

补血养颜

豆花中的多种矿物质对缺铁性贫血患者有益，能促进酶的催化、激素分泌和新陈代谢。

防癌抗癌

豆花中含有的异黄酮能抑制一种刺激肿瘤的酶，可阻止肿瘤生长，尤其适合乳腺癌、结肠癌患者食用。

选购保存

选择色泽鲜亮、质感肥嫩的豆花。豆花不宜长期保存，应尽快食用。

♥ 温馨提示

豆花宜趁热食用，放凉之后会影响口感；做豆花时用卤水点的豆花比用石膏点的豆花更鲜嫩，口感更好；豆花有甜、咸两种吃法，一般来说，我国南方偏好甜豆花，北方则偏好咸豆花。

食用禁忌		
忌	豆花 + 猪血	豆花中的蛋白质会影响猪血中铁质的吸收
忌	豆花 + 蜂蜜	豆花能清热散血，下大肠浊气；蜂蜜甘凉滑利，两者同食，容易导致身体不适

营养黄金组合		
宜	豆花+ 香菇	香菇中有一种"泸过性病毒体"，与豆花同食，可控制癌细胞生长
宜	豆花 + 雪里蕻	雪里蕻中含有大量的维生素C，是活性很强的还原物质，与豆花同食，有解除疲劳的功效

南山泉水嫩豆花

原材料 黄豆200克，熟石膏浆少许，黄桃、火腿、豌豆各适量

调味料 盐2克，香油5毫升

做法

1. 将黄豆洗净泡发；将黄桃洗净切丁；将火腿切丁；将豌豆洗净，与火腿同入沸水中氽至断生，捞出沥干。

2. 将泡发好的黄豆放入豆浆机中磨成豆浆，加熟石膏浆点成豆花；将豆花打散，加入黄桃、豌豆、火腿和调味料，拌匀即可。

皮蛋豆花

原材料 皮蛋1个，内酯豆花1盒，葱15克，鸡汤15毫升

调味料 盐4克，香油5毫升

做法

1. 将内酯豆花装入盘中，切成块状；将葱洗净切花；将皮蛋去壳备用。

2. 将皮蛋、葱花、鸡汤与各种调味料放入碗中搅匀。

3. 将搅匀的调味料淋在切好的豆花上，入蒸锅蒸熟即可。

皮蛋　　　豆花　　　葱

大厨献招： 此菜最好不要放过多调味料，以免遮住豆花的本味。

适合人群： 一般人都可食用。

豆花米线

原材料 豆花200克，米线、猪肉、葱花、水淀粉各适量

调味料 油、盐、酱油、料酒、辣椒粉各适量

做法

1. 将米线入沸水中煮熟，捞出，装入碗中；将猪肉切丁，用酱油、料酒腌渍。
2. 油锅烧热，加入腌渍过的猪肉，翻炒至断生，放入辣椒粉继续炒至熟，加盐调味，用水淀粉勾芡；将炒好的猪肉置于米线上，碗边放上豆花，撒上葱花。

蘸水豆花

原材料 黄豆150克，熟石膏浆适量

调味料 白糖适量

做法

1. 将黄豆用水洗净泡发，放入豆浆机中磨成豆浆。
2. 待豆浆稍凉后加入熟石膏浆，搅拌均匀，静置片刻。
3. 豆浆凝成固态后，配上白糖即可食用。

家乡拌豆花

原材料 豆花300克，雪里蕻100克，红椒粒、葱花、干红辣椒各适量

调味料 盐3克，香油10毫升，油适量

做法

1. 将雪里蕻洗净切末，入沸水中汆至断生，捞出沥干；将干红辣椒洗净，切段，用油爆香，备用。
2. 将雪里蕻、干红辣椒、盐、香油、红椒粒、葱花置入装有豆花的容器中拌匀即可食用。

海味豆花

原材料 豆花300克，干鱿鱼50克，虾仁50克，菜心适量

调味料 盐3克，香油10毫升

做法

1. 将干鱿鱼洗净，泡发，切段备用；将菜心、虾仁洗净沥干。
2. 锅中注水烧沸，放豆花、虾仁和鱿鱼煮至断生，加入菜心煮至熟透。
3. 加盐和香油调味即可。

酸菜豆花

原材料 豆花300克，酸菜、葱花各适量

调味料 盐、油、红油、豆豉辣酱各适量

做法

1. 将豆花打成块，置于容器中；将酸菜洗净，切末。
2. 锅中注少量油烧热，下酸菜，调入红油，加豆豉辣酱炒香。
3. 加盐调味，将其倒在豆花上，撒上葱花即可。

芙蓉豆花星斑球

原材料 豆花200克，咸蛋黄3个，草鱼块、荷兰豆各适量

调味料 盐3克，香油适量

做法

1. 将豆花打成块置于容器中；将咸蛋黄用刀背压碎，置于豆花上；将草鱼块和荷兰豆洗净，置于咸蛋上。
2. 将盐用温水化开，浇在豆花、咸蛋和鱼块上；将装豆花的容器放入蒸笼蒸至鱼块熟透，取出淋上香油即可。

乡村豆花

原材料 豆花250克，黄豆100克，葱花适量
调味料 盐3克，生抽、香油各适量

做法

1. 将黄豆洗净泡发，入沸水中煮至熟透，捞出沥干。
2. 锅中注水烧沸，加入豆花搅碎，加入黄豆、盐、葱花、生抽、香油，搅拌均匀即可食用。

大厨献招：加入醋，味道会更特别。
适合人群：一般人都可以食用，尤其适合男性食用。

魔术豆花

原材料 黄豆150克，熟石膏浆、葱花、蒜片、泡椒、熟芝麻各适量
调味料 盐3克，油、红油各适量

做法

1. 将黄豆洗净泡发，磨成豆浆，加入熟石膏浆制成豆花。
2. 锅中注油烧热，加盐、葱花、蒜片、泡椒、熟芝麻、红油炒香，浇在豆花上即可食用。

东坡豆花

原材料 豆花350克，豌豆30克，肉末酱30克，葱花适量
调味料 盐3克，油、红油各适量

做法

1. 将豆花打碎置于容器中；将豌豆洗净，入沸水中煮熟，捞出沥干。
2. 锅中注少许油烧热，下肉末酱、红油和豌豆，加少量水烧开。
3. 调入盐，将其倒在豆花上，撒上葱花即可食用。

果香炖豆花

原材料 豆花250克，菠萝、白梨、什锦罐头各适量

调味料 白糖适量

做法

1. 将豆花打碎，置于容器中；将菠萝、白梨分别去皮，洗净切丁，连同什锦罐头一同置入装豆花的容器中。

2. 将白糖撒在豆花上，入蒸笼蒸5分钟即可食用。

豆花麻辣酥

原材料 豆花280克，葱花适量

调味料 黄豆酱20克，红油辣酱20克，盐2克，生抽5毫升

做法

1. 将黄豆酱、红油辣酱、盐、生抽置于同一容器内搅拌均匀，然后倒在盛有豆花的容器中。

2. 将豆花放入蒸笼蒸5分钟取出，撒上葱花即可食用。

蜀水豆花

原材料 豆花250克，葱花适量

调味料 盐3克，红油20毫升，豆豉辣酱适量

做法

1. 锅中注水烧沸，下豆花，调入红油、豆豉辣酱再次煮至开。

2. 调入盐，撒上葱花即可。

大厨献招：此菜不宜煮太久，以免豆花变老，影响口感。

适合人群：一般人都可食用。

酸辣豆花

原材料 豆花250克，酸萝卜丁100克，雪里蕻适量，
葱、红辣椒各10克

调味料 盐3克，油、生抽、红油各适量

做法

1. 将酸萝卜丁用水浸泡片刻，洗净沥干；将葱洗
   净，切葱花；将红辣椒洗净，切圈；将雪里蕻洗
   净切小段。
2. 锅下油烧热，下酸萝卜丁、雪里蕻、红辣椒圈和葱
   花，放入生抽和红油，加少量水烧开。
3. 调入盐搅匀，将其倒在盛有豆花的容器中即可。

豆花　　　雪里蕻　　　葱

大厨献招：加入少许熟芝麻，此菜会
更美味。

适合人群：一般人都可食用。

红汤豆花

原材料 豆花250克，盐水黄豆50克，面条、葱花各适量

调味料 盐3克，红油、油各适量

做法

1. 将面条放入沸水中煮至断生，捞出沥干备用。
2. 锅中注少量油烧热，下葱花爆香，调入红油，加适量水烧沸，下豆花和盐水黄豆煮开；加适量盐调味，加入面条拌匀即可食用。

川味酸辣豆花

原材料 豆花300克，盐水黄豆80克，葱花适量

调味料 盐3克，辣椒油适量

做法

1. 将豆花置于瓦罐中，加适量水和盐水黄豆烧沸。
2. 加盐和辣椒油调味，撒上葱花，搅拌均匀即可。

大厨献招：葱花不宜在锅中煮太久，以免营养成分流失。

适合人群：一般人都可以食用，尤其适合男性食用。

口水豆花

原材料 豆花300克，红椒丝、青椒丝、葱花、葱丝各适量

调味料 盐3克，油、番茄酱各适量

做法

1. 将豆花打成块状备用；将青椒丝、红椒丝入沸水中汆至断生，捞出沥干备用。
2. 锅中注少量油，下番茄酱炒香，加入适量水烧沸，下豆花煮开。
3. 加盐调味，撒上葱花、葱丝和青椒丝、红椒丝即可食用。

醉豆花

原材料 豆花200克，菠萝、白梨、红椒各适量
调味料 酒酿适量

做法

1. 将菠萝、白梨分别去皮，切丁备用；将红椒洗净沥干，切丁。
2. 锅中注适量水烧沸，调入酒酿，加入豆花、菠萝、白梨、红椒煮至熟即可。

渝州豆花

原材料 豆花250克，盐水黄豆100克，玉米粒50克，青椒、红椒、葱花各适量
调味料 盐3克，红油辣酱适量

做法

1. 将玉米粒用水洗净，入沸水中汆至断生，捞出沥干备用；将青椒、红椒分别去蒂，洗净切圈。
2. 锅中注水烧沸，下豆花、盐水黄豆和玉米粒煮至熟；加入红油辣酱、盐、葱花和青椒圈、红椒圈，搅匀，稍煮即可。

上汤豆花

原材料 豆花300克，鲜鸡汤、干鱿鱼丝各适量
调味料 盐2克

做法

1. 将干鱿鱼丝洗净泡发，沥干备用。
2. 锅中注入鲜鸡汤烧沸，下豆花和鱿鱼丝继续烹煮片刻。
3. 加入盐调味，搅匀即可。

大厨献招：鸡汤为此菜增鲜不少。

适合人群：一般人都可以食用，尤其适合孕产妇食用。

酒酿豆花

原材料 豆花200克，胡萝卜、豌豆、枸杞各适量
调味料 酒酿适量

做法

1. 将胡萝卜用水洗净切丁；将豌豆洗净，与胡萝卜丁放入沸水中氽至断生捞出；将枸杞洗净泡发。
2. 锅中注水烧沸，调入酒酿、枸杞和豆花稍煮，下胡萝卜、豌豆煮熟即可。

红油豆花

原材料 豆花200克，葱、鸡汤各适量
调味料 盐2克，红油辣酱各适量

做法

1. 将豆花打碎备用；将葱洗净，切葱花。
2. 锅中注鸡汤烧沸，放入豆花，继续烹煮片刻。
3. 加适量盐调味，加入红油辣酱和葱花即可食用。

石磨豆花

原材料 豆花200克，熟花生碎50克，油麦菜、水淀粉各适量
调味料 盐3克，香油适量

做法

1. 将油麦菜洗净沥干，切段备用。
2. 锅中注适量水烧开，下豆花，加入花生碎和油麦菜稍煮片刻。
3. 加盐和香油调味，用水淀粉勾薄芡即可食用。

川府嫩豆花

原材料 豆花250克，枸杞5克，葱、蒜、姜各10克

调味料 辣椒油、红油、盐、油各适量

做法

1. 将豆花舀入水中浸泡；将枸杞洗净蒸熟，撒在豆花上；将葱、蒜、姜均洗净，切成末。
2. 油锅烧热，将葱末、蒜末、姜末、辣椒油、红油、盐放入锅内，爆炒至香气浓郁，装入小碗中作为蘸料食用。

家乡菜豆花

原材料 豆花200克，瘦肉50克，酸菜100克，蘑菇、葱段各适量

调味料 盐3克，生抽、料酒各适量

做法

1. 将瘦肉用水洗净切片，用生抽、料酒腌渍片刻；将酸菜洗净，沥干切丝；将蘑菇洗净，沥干。
2. 锅中注入适量水烧沸，先后下瘦肉、酸菜和蘑菇煮至断生，下豆花稍煮，撒上葱段，加盐调味即可。

三菌烩豆花

原材料 豆花150克，虾仁100克，滑子菇50克，鸡腿菇、水发黑木耳、葱段、高汤各适量

调味料 盐3克

做法

1. 将虾仁、滑子菇、鸡腿菇和水发黑木耳洗净。
2. 锅中注入高汤烧沸，下豆花，先后加入虾仁、黑木耳、鸡腿菇和滑子菇煮至熟透；加盐调味，撒上葱段即可。

豆干

别名：豆腐干

性味：性平、味咸

适合人群：高胆固醇血症、心血管硬化者

食疗功效

提神健脑

豆干含丰富的黄豆卵磷脂，有益于神经、血管、大脑的生长发育，有很好的健脑功效。

增强免疫力

豆干中的蛋白质属完全蛋白质，营养价值较高，可增强免疫力。

降低血压

豆干中的黄豆蛋白经酶水解后产生的多肽，有降血压的作用。

防癌抗癌

豆干中含有的大豆异黄酮，可抑制癌细胞生长。

选购保存

豆干以表面有光泽、有弹性，被挤压后无液体渗出者为佳。豆干较难保存，最好即买即吃。

♥ **温馨提示**

若想将豆干多保存几天，可将其泡在清水中，冬季每2~3天换一次水，夏季半天换一次水。吃时，将豆干捞出，再用水冲洗一下。

食用禁忌		
忌	豆干 + 蜂蜜	豆干与蜂蜜同食，会导致泄泻
忌	豆干 + 菠菜	豆干与菠菜同食，会形成草酸钙，不利吸收

营养黄金组合		
宜	豆干 + 芹菜	豆干含有丰富的蛋白质，芹菜能及时吸收和补充人体的营养成分，同食对增强人体抵抗力有益
宜	豆干 + 猪肉	豆干中的植物雌激素与猪肉中的营养物质结合，有滋补养颜、延缓衰老的作用

乡巴佬豆干

原材料	豆干500克，葱10克
调味料	辣椒酱适量

做法

1. 将豆干洗净，切片；将葱洗净切成葱花。
2. 锅入水烧开，放入豆干汆水后，捞出沥干，摆盘。
3. 淋入辣椒酱，撒上葱花即可。

寿阳卤味香干

原材料 香干500克，卤水适量
调味料 香油适量

香干　　　　香油

做法

1. 将香干洗净备用。
2. 将卤水注入锅内烧开，放入香干卤熟后，捞出沥干，待凉，切成条，摆盘。
3. 淋上香油即可。

大厨献招： 在卤水里面加点桂皮一起烹饪，味道会更好。

适合人群： 一般人都可食用，尤其适合女性食用。

渝乡豆干

原材料 豆干400克，红椒、香菜叶各少许
调味料 盐、香油各适量

做法

1. 将豆干洗净，切条；将红椒去蒂洗净，切丝；将香菜叶洗净备用。
2. 锅入水烧开，放入豆干汆熟后，捞出沥干，装盘，加盐、香油拌匀，再用红椒丝、香菜叶点缀即可。

糖汁五香豆干

原材料 五香豆干400克，红椒少许
调味料 白糖适量

做法

1. 将五香豆干洗净，切片；将红椒洗净切成丝；白糖熬制成糖汁。
2. 锅入水烧开，放入五香豆干汆熟后，捞出沥干，淋入糖汁拌匀，摆盘，用红椒丝点缀即可。

大厨献招：淋入柠檬汁，口味会更佳。
适合人群：一般人都可食用，尤其适合女性食用。

芹香干丝

原材料 白干丝25克，芹菜15克，胡萝卜5克
调味料 香油、盐、胡椒粉各适量

做法

1. 将芹菜洗净，切段，烫熟；将胡萝卜洗净，切丝，烫熟；将白干丝烫熟。
2. 将白干丝、芹菜、胡萝卜放入碗中，再放入香油、盐、胡椒粉调味，拌匀即可食用。

秘制豆干

原材料 豆干200克，黄瓜100克

调味料 盐3克，醋、生抽、油各适量

做法

1. 将豆干洗净，切成菱形片，用沸油炸熟；将黄瓜洗净，切片。
2. 将黄瓜片排于盘内，再将豆干排于黄瓜片上面。
3. 用盐、醋、生抽调成汁，浇在上面即可食用。

小香干

原材料 香干400克

调味料 红油、欧芹适量

做法

1. 将香干洗净，切成三角片。
2. 锅入水烧开，放入香干汆熟后，捞出沥干，倒入红油拌匀，放上欧芹装饰即可。

大厨献招：加点腐乳汁，会让这道菜更美味。

适合人群：一般人都可以食用，尤其适合女性食用。

家常拌香干

原材料 豆干250克，葱8克

调味料 辣椒油、老抽各适量，盐3克

做法

1. 将豆干洗净，切成丝，放入开水中焯熟，沥干多余的水分，装盘；将葱洗净，切成葱花。
2. 将盐、老抽、辣椒油调匀，淋在豆干上，拌匀，撒上葱花即可。

大厨献招：加点芝麻酱，这道菜味道会更好。

适合人群：一般人都可以食用，尤其适合男性食用。

红油豆干

原材料 豆干300克，黄瓜适量，蒜3克，葱5克

调味料 盐、辣椒酱、红油、油各适量

做法

1. 将黄瓜洗净，切片；将蒜去皮洗净，切末；将葱洗净，切成葱花。
2. 锅入水烧开，放入豆干氽熟后，捞出沥干，摆盘；热锅下油，入蒜炒香，加盐、辣椒酱、红油做成味汁，均匀地淋在豆干上，撒上葱花，将黄瓜摆盘。

奇味豆干

原材料 豆干400克

调味料 盐、香油各适量

做法

1. 将豆干洗净，切成长方形块。
2. 锅入水烧开，加入盐，放入豆干煮熟后，捞出沥干，摆盘。
3. 用香油拌匀即可。

大厨献招：加入适量蒜汁，会让此菜更美味。
适合人群：一般人都可食用，尤其适合女性食用。

秘制五香干

原材料 五香干400克，姜、蒜各10克，干红辣椒15克

调味料 盐3克，酱油、醋、油各适量

做法

1. 将五香干洗净，切片；将姜、蒜均去皮洗净，切末；将干红辣椒洗净，切末。
2. 锅入水烧开，放入五香干氽熟后，捞出沥干，装盘；热锅下油，入姜、蒜、干红辣椒爆香，加盐、酱油、醋做成味汁，均匀地淋在五香干上即可。

寿丝香干丝

原材料 香干150克，红椒5克，青椒80克
调味料 盐3克，生抽5毫升

做法

1. 将香干洗净，切成细丝，放入开水中焯熟，沥干水分，装盘。
2. 将青椒、红椒洗净，切成细丝，放入水中焯一下，放在香干上。
3. 将盐、生抽调匀成味汁，淋在香干、青椒、红椒上，拌匀即可。

夹心豆干

原材料 豆干250克，黄瓜150克，花生仁50克
调味料 油、盐、香油各适量

做法

1. 将豆干洗净，切成片；将黄瓜洗净，切成片。
2. 锅入水烧开，加入盐，放入豆干汆熟，捞出沥干与黄瓜间隔摆放，淋上香油。
3. 起油锅，放入花生仁炸至熟透，装盘即可食用。

香干杂拌

原材料 香干25克，胡萝卜25克，芹菜250克，红椒10克
调味料 香油、生抽各10毫升，盐3克

做法

1. 将香干洗净，切成丝；将芹菜洗净，切段；将胡萝卜、红椒均洗净，切丝。
2. 将香干、芹菜、胡萝卜、红椒放入加盐的热水中，烫熟，捞起沥干水分，装盘；将香油、生抽、盐调成味汁，淋在香干、芹菜、胡萝卜、红椒上拌匀。

杏仁冷香豆干

原材料 豆干300克，杏仁、芹菜各适量
调味料 盐、香油各适量

做法

1. 将豆干洗净，切成条；将芹菜洗净，切成段。
2. 锅中加水烧开，分别将豆干、芹菜氽熟后，捞出沥干，加盐、香油拌匀，摆好装盘。
3. 最后放入杏仁即可。

大厨献招：杏仁过一下油再食用，口感会更佳。
适合人群：一般人都可以食用，尤其适合男性食用。

菊花辣拌香干

原材料 香干、菊花、干红辣椒各适量
调味料 盐3克，生抽8毫升

做法

1. 将香干洗净，切成小段，放入开水中焯熟，捞起，沥干水分；将菊花洗净，撕成小片，放入水中焯一下，捞起；将干红辣椒洗净，切丝。
2. 将盐、生抽一起调成味汁；将味汁淋在香干、菊花上，拌匀，撒入干红辣椒。

芦蒿香干

原材料 香干200克，芦蒿、红椒各适量
调味料 盐、香油各适量

做法

1. 将香干洗净，切丝；将芦蒿取秆洗净；将红椒去蒂洗净，切丝。
2. 锅内加水烧开，分别将芦蒿、香干氽熟，捞出沥干，加盐、香油拌匀，摆盘。
3. 用红椒丝点缀即可。

凉拌香干

原材料 香干300克，葱白10克，红椒、香菜各少许

调味料 盐3克，香油适量

做法

1. 将香干用水洗净，切成条；将红椒去蒂洗净，切丝；将香菜洗净备用；将葱白洗净，切丝。

2. 锅入水烧开，放入香干氽熟后，捞出沥干，加盐、香油拌匀，装盘。

3. 放入红椒、葱白、香菜即可。

香干 红椒 香菜

适合人群： 一般人都可食用，尤其适合女性食用。

洛南豆干

原材料 豆干400克，红椒、葱各适量

调味料 盐、香油、醋各适量

做法

1. 将豆干洗净，切片；将红椒去蒂洗净，切圈；将葱洗净，切段。
2. 锅入水烧开，放入豆干汆熟后，捞出沥干，装盘，加盐、香油、醋拌匀，再用葱、红椒点缀即可。

鸡汁小白干

原材料 小白干200克，清鸡汤、香菜各适量

调味料 盐5克

做法

1. 将小白干加盐焯水，捞出备用。
2. 将清鸡汤倒入锅中，放入盐，加入小白干煮10分钟。
3. 捞出晾凉后装盘，撒上香菜即可。

香菊拌茶干

原材料 香干350克，菊花瓣35克

调味料 香油、生抽各适量，盐3克

做法

1. 将香干洗净，切成丝；将菊花瓣洗净。
2. 将香干、菊花瓣放入热水中烫熟，捞出，沥干水分。
3. 将香油、盐、生抽调成味汁，淋在香干、菊花瓣上，搅拌均匀即可。

香干花生仁

原材料 香干150克，花生仁250克，香葱10克

调味料 盐3克，生抽、油各适量

做法

1. 将香干洗净，切成小块，放入开水中烫熟；将花生仁洗净，用开水泡一下；将香葱洗净，切成葱花。
2. 油锅烧热，放入花生仁炸熟，加入香干，加盐、生抽调味，盛盘，撒上葱花即可食用。

花生仁豆干

原材料 豆干150克，花生仁80克，莴笋150克，黄瓜、胡萝卜各适量

调味料 油、盐、香油各适量

做法

1. 将豆干洗净，切丁；将莴笋去皮洗净，切丁；将黄瓜、胡萝卜均洗净，切片。
2. 锅入水烧开，分别将豆干、莴笋氽熟后，捞出沥干，加盐、香油拌匀。
3. 起油锅，放入花生仁炸熟，装盘，再将黄瓜、胡萝卜摆盘即可。

风味花生仁豆干

原材料 豆干250克，熟花生仁50克，葱白5克，胡萝卜少许

调味料 盐3克，香油适量

做法

1. 将豆干洗净，切成菱形片；将胡萝卜洗净，切片；将葱白洗净，斜刀切段。
2. 锅入水烧开，分别将豆干、胡萝卜氽熟后，捞出沥干，装盘。
3. 放入熟花生仁、葱白，加盐、香油拌匀即可。

五彩素拌菜

原材料 绿豆芽、豌豆苗、香干、土豆、甜椒各100克

调味料 盐3克，生抽8毫升，香油适量

做法

1. 将绿豆芽、豌豆苗均洗净；将香干洗净切成条；将土豆去皮，洗净切丝；将甜椒洗净切丝。
2. 将所有原材料入沸水中焯熟后，捞出沥干，加盐、生抽、香油拌匀，装盘即可。

川味香干

原材料 香干400克，黄瓜50克

调味料 盐、红油、醋各适量

做法

1. 将黄瓜洗净，切成片；将香干洗净，切成片。
2. 锅入水烧开，放入香干余熟后，捞出沥干摆盘，加盐、红油、醋拌匀，再将切好的黄瓜片摆盘即可。

富阳卤豆干

原材料 豆干400克

调味料 酱油15毫升，盐5克，白糖10克，香油10毫升

做法

1. 将豆干用水洗净，放入开水锅中焯水后捞出备用。
2. 取净锅上火，加清水、盐、酱油、白糖，以大火烧沸，下入豆干改小火卤约15分钟，至卤汁略浓稠时淋上香油，出锅，切片，装盘即成。

洛南香豆干

原材料 豆干200克，黄瓜200克

调味料 盐3克，生抽5毫升，红油、辣椒粉各适量

做法

1. 将豆干洗净切片，入沸水中煮熟，捞出沥干；将黄瓜洗净，部分切片摆盘，剩余部分切丝。
2. 将所有调味料置于同一容器，调成味汁，大部分浇在豆干和黄瓜丝上，拌匀装盘，留部分味汁浇在盘中的黄瓜片上，稍腌片刻，即可食用。

卤水豆干

原材料 豆干400克，卤水适量

调味料 酱油、醋、欧芹叶各适量

做法

1. 将豆干洗净备用。
2. 将卤水注入锅内烧开，放入豆干卤熟后，捞出沥干，待凉，切成条状。
3. 淋入酱油、醋、摆上欧芹叶即可。

大厨献招：加点蒜末调味，此菜味道会更好。

适合人群：一般人都可食用，尤其适合男性食用。

潮汕卤水豆干

原材料 豆干350克，芹菜叶少许

调味料 盐、香油、老抽、麻椒各适量

做法

1. 将豆干洗净备用；将芹菜叶洗净备用。
2. 用盐、老抽、麻椒做成卤水，将卤水烧开，放入豆干小火慢炖40分钟，捞出沥干，切成条状，加香油拌匀后摆盘。
3. 用芹菜叶点缀即可。

馋嘴豆干

原材料 山水豆腐400克，卤水汁200毫升
调味料 油、香油各适量

做法

1. 用卤水浸泡豆腐40分钟。
2. 油烧至七成热，把豆腐切成小块，放入油锅炸至金黄色，即成豆干。
3. 捞出沥油，装盘时淋上香油，再淋上卤汁即可。

湛江卤水豆干

原材料 豆干400克，青椒、红椒各少许，卤水适量
调味料 酱油、醋各适量

做法

1. 将豆干洗净备用；将青椒、红椒均去蒂洗净，切丝。
2. 将卤水注入锅内烧开，放入豆干卤熟后，捞出沥干，待凉，切成条状，加酱油、醋拌匀后摆盘。
3. 用青椒丝、红椒丝点缀即可。

家乡卤豆干

原材料 卤豆干200克，葱10克
调味料 香油15毫升，盐适量

做法

1. 将卤豆干洗净，切成方块形。
2. 将葱洗净，切成葱末。
3. 将卤豆干放入盐水中焯烫，然后装盘，再撒入葱末，淋上香油即可。

大厨献招：将豆干尽量切薄一点，既美观又美味。

适合人群：一般人都可食用。

湖南香干

原材料 香干200克，芹菜、剁椒各适量
调味料 盐3克，油适量

做法

1. 将香干洗净，斜切片，入沸水中氽至断生，捞出沥干；将芹菜去叶洗净，切段；将剁椒洗净切圈。
2. 锅中注油烧热，下芹菜炒至断生，加入香干和剁椒，炒至熟。
3. 加盐调味，炒匀即可。

香干

芹菜

剁椒

大厨献招： 先将芹菜在沸水中氽烫一下再炒，可减轻其涩味。

适合人群： 一般人都可食用，尤其适合老年人食用。

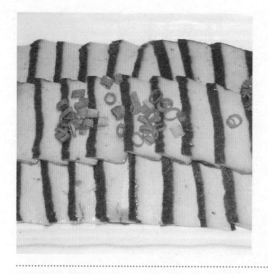

葱香卤水豆干

原材料 豆干400克，葱、卤水各适量
调味料 香油适量

做法

1. 将豆干洗净备用；将葱洗净，切葱花。
2. 将卤水注入锅内烧沸，放入豆干卤熟后，捞出沥干，切片，加香油搅拌均匀后，摆盘。
3. 撒上葱花即可。

大厨献招： 加点姜汁，味道会更好。

适合人群： 一般人都可食用。

泉水豆干

原材料 豆干500克，卤汁适量
调味料 盐、香油、五香粉、麻椒各适量

做法

1. 将豆干洗净备用。
2. 将卤汁注入锅内烧沸，放入五香粉、麻椒、豆干，卤熟后，捞出沥干，待凉，切成片。
3. 加盐、香油拌匀后，摆盘即可。

五香卤香干

原材料 香干400克，生姜丝5克，葱白段适量
调味料 生抽、盐、糖、辣椒粉、桂皮、茴香、花椒、八角、油各适量

做法

1. 将生姜和葱白入油锅炸透后，放生抽、盐、糖、水、辣椒粉烧沸，加桂皮、茴香、花椒、八角煮30分钟，制成卤水。
2. 将香干冲洗一下，放入卤水中卤1个小时，捞出切片即可。

湘味花生仁豆干

原材料 豆干300克，花生仁100克，青辣椒、红辣椒各50克

调味料 盐3克，醋、油各适量

做法

1. 将豆干用水洗净，切丁；将青辣椒、红辣椒去蒂洗净，切圈。
2. 热锅下油，入花生仁翻炒片刻，再放入豆干、青辣椒、红辣椒炒匀，加盐、醋调味，炒熟装盘即可。

双椒花生仁豆干

原材料 豆干、花生仁各100克，青辣椒、红辣椒各50克

调味料 盐3克，油适量

做法

1. 将豆干洗净，切丁；将青辣椒、红辣椒均去蒂洗净，切圈。
2. 热锅下油，入花生仁炒至八成熟时，放入青辣椒、红辣椒、豆干翻炒，加盐调味，待熟，装盘即可。

丝瓜炒豆干

原材料 豆腐方干100克，丝瓜200克

调味料 盐2克，油、香油各适量

做法

1. 将豆腐方干洗净切成块，放入碗中；将丝瓜刨皮，洗净，切成块。
2. 炒锅加油烧热，放入丝瓜、方干、盐、香油一起翻炒，炒至断生即可。

大厨献招： 丝瓜不宜烹饪过久，以免影响口感。

适合人群： 一般人都可食用，尤其适合女性食用。

豆干芦蒿

原材料 豆干、芦蒿各200克
调味料 盐3克，油、酱油、醋各适量

做法

1. 将豆干洗净，切成条；将芦蒿洗净，切成段。
2. 热锅下油，放入豆干、芦蒿一同翻炒片刻，加盐、酱油、醋调味。
3. 炒至断生，起锅装盘即可。

大厨献招：可以加点肉丝，味道会更好。

适合人群：一般人都可食用，尤其适合女性食用。

青椒炒香干

原材料 香干250克，青椒100克，蒜10克
调味料 酱油10毫升，盐、油、醋各适量

做法

1. 将香干洗净，切条；将青椒去蒂洗净，切条；将蒜去皮洗净，切片。
2. 热锅下油，入蒜炒香，再放入香干、青椒翻炒片刻，加盐、酱油、醋调味，炒至断生，装盘即可。

小炒辣香干

原材料 香干250克，青辣椒、红辣椒各50克
调味料 盐3克，油、红油、醋各适量

做法

1. 将香干洗净，切片；将青辣椒、红辣椒均去蒂洗净，切圈。
2. 热锅下油，入青辣椒、红辣椒炒香，再放入香干炒匀，加盐、红油、醋调味，炒熟，装盘即可。

小炒香干

原材料 香干350克，青椒、红椒各50克，香菜少许

调味料 盐3克，油、酱油、醋各适量

做法

1. 将香干洗净，切片；将青椒、红椒均去蒂洗净，切圈；将香菜洗净。
2. 热锅下油，放入香干略炒，再放入青椒、红椒，加盐、酱油、醋调味，待熟，放入香菜略炒，装盘即可。

蒜薹炒豆干

原材料 豆干200克，水淀粉、胡萝卜各适量，蒜薹150克

调味料 盐3克，油适量

做法

1. 将豆干洗净，沥干切丝；将蒜薹洗净切段，入沸水中汆至断生，捞出沥干；将胡萝卜洗净，沥干切丝。
2. 锅中注油烧热，先后下豆干、蒜薹和胡萝卜丝炒至熟；加盐调味，用水淀粉勾芡，炒匀即可。

芹菜炒香干

原材料 香干、芹菜各200克，猪肉150克，红椒50克

调味料 盐3克，油、酱油、醋各适量

做法

1. 将香干洗净，切条；将芹菜洗净，切段；将猪肉洗净，切丝；将红椒去蒂洗净，切丝。
2. 热锅下油，放入猪肉略炒，再放入香干、芹菜、红椒炒至五成熟时，加盐、酱油、醋调味，炒至断生，装盘即可。

五香酱豆干

原材料 豆干300克，卤汁适量
调味料 盐、五香酱、酱油、醋各适量

做法

1. 将豆干洗净备用。
2. 将卤汁注入锅内烧沸，放入豆干卤熟后，捞出沥干，加盐、五香酱、酱油、醋拌匀，装盘即可。

大厨献招：将豆干切成小块状，会更易入味。
适合人群：一般人都可食用，尤其适合男性食用。

开胃香干

原材料 香干250克，黄瓜少许，红辣椒、蒜苗各20克
调味料 盐3克，油、红油各适量

做法

1. 将香干洗净，切片；将黄瓜洗净，切片；将红辣椒去蒂洗净，切圈；将蒜苗洗净，切段。
2. 热锅下油，入红辣椒炒香，再放入香干，加盐、红油调味，加点水，待熟，放入蒜苗略炒，装盘，将黄瓜片摆盘。

辣椒炒香干

原材料 香干250克，青椒80克，黄瓜少许，水淀粉适量
调味料 盐3克，油、酱油各适量

做法

1. 将香干洗净，切片；将黄瓜洗净，切片；将青椒去蒂洗净，切段。
2. 热锅下油，入青椒炒香，再放入香干，加盐、酱油调味，待熟，用水淀粉勾芡，装盘，将黄瓜片摆盘即可。

蒜苗炒香干

原材料 香干300克，蒜苗200克

调味料 盐3克，油适量

做法

1. 将香干洗净，切成片，入沸水中余至断生，捞出沥干；将蒜苗洗净，沥干切段备用。
2. 锅中注油烧热，下香干翻炒片刻，下蒜苗炒至熟。
3. 加盐，炒匀即可。

肉片炒豆干

原材料 豆干250克，猪肉150克，青椒、红椒各50克，蒜苗15克

调味料 油、盐、豆豉、酱油各适量

做法

1. 将豆干、猪肉、蒜苗均洗净，切好；将青椒、红椒均去蒂洗净，切片。
2. 热锅下油，放入猪肉略炒，再放入豆干、青椒、红椒翻炒片刻，加盐、豆豉、酱油调味，待熟，放入蒜苗稍微炒一下，装盘即可。

茼蒿炒豆干

原材料 豆干250克，茼蒿200克，干红辣椒10克

调味料 盐3克，油适量

做法

1. 将豆干洗净，切条；将茼蒿洗净，切段；将干红辣椒洗净，切段。
2. 热锅下油，入干红辣椒爆香，再放入豆干、茼蒿炒匀，加盐调味。
3. 炒至断生，装盘即可。

小炒德字干

原材料 香干300克，葱、红辣椒各适量
调味料 盐3克，油、生抽各适量

做法

1. 将香干洗净，沥干切片；将葱洗净，沥干切段；将红辣椒洗净，沥干切圈。
2. 锅中注油烧热，下葱段和红辣椒圈爆香，加香干，调入生抽炒至熟。
3. 加盐调味，炒匀即可。

滑炒豆干

原材料 豆干3块，青椒、红椒各150克
调味料 盐、油各适量

做法

1. 将青椒洗净，切成长条状；红椒洗净，切丝。
2. 将豆干洗净，切成块状，用沸水浸烫数分钟。
3. 油锅烧热，放入青椒、红椒和豆干，调入盐，炒至断生即可。

双椒青岩豆干

原材料 豆干300克，青椒、红椒各50克
调味料 盐3克，红油10毫升，油适量

做法

1. 将豆干洗净，沥干切片；将青椒、红椒分别洗净，沥干切菱形块。
2. 锅中注油烧热，下豆干，调入红油炒至断生，下青椒、红椒炒至熟。
3. 加盐调味，炒匀即可。

巴蜀香干

原材料	香干250克，葱、剁椒各适量
调味料	盐3克，油适量

做法

1. 将香干洗净，沥干切丝；将葱洗净，沥干切葱花；将剁椒洗净，沥干切末。
2. 锅中注油烧热，下剁椒和葱花爆香，加入香干，翻炒至熟。
3. 加盐调味，炒匀即可。

香干　　　　葱　　　　盐

大厨献招： 加入少许蒜蓉，此菜味道会更好。

适合人群： 一般人都可食用，尤其适合男性食用。

酱炒五香豆干

原材料 五香豆干300克，蒜适量

调味料 盐3克，生抽10毫升，油、豆豉酱各适量

做法

1. 将五香豆干洗净，切丁备用；将蒜去皮洗净，剁成蒜蓉。
2. 锅中注油烧热，下蒜蓉爆香，加入五香豆干，调入生抽和豆豉酱炒至熟。
3. 加盐调味，炒匀即可。

白辣椒五香干

原材料 五香香干200克，白辣椒50克，腌白萝卜、泡菜、水淀粉、红椒各适量

调味料 盐3克，油适量

做法

1. 将五香香干洗净，切片；将白辣椒洗净，沥干切段；将腌白萝卜洗净，切片；将泡菜洗净，沥干切块；将红椒洗净，切丁。
2. 锅中注油烧热，下上述材料，炒至熟。
3. 加盐调味，用水淀粉勾芡即可。

口水豆干

原材料 豆干200克，青椒、红椒各80克，蒜苗适量

调味料 盐3克，酱油10毫升，油适量

做法

1. 将豆干洗净，沥干切丁；将青椒、红椒分别洗净，沥干切丁；将蒜苗洗净，沥干切丁。
2. 锅中注油烧热，下蒜苗爆香，加豆干和青椒、红椒，调入酱油炒至熟。
3. 加盐调味，炒匀即可。

青椒臭干

原材料 臭干250克，青椒25克
调味料 盐4克，油适量

做法

1. 将青椒洗净改刀切丝。
2. 将臭干改刀切丝。
3. 热锅入油，入臭干炒，后放青椒一起炒，加盐炒入味即可起锅。

冬笋炒豆干

原材料 豆干200克，冬笋150克，胡萝卜、黑木耳、上海青、水淀粉各适量
调味料 盐3克，油、生抽各适量

做法

1. 将原材料均洗净改刀，入沸水中焯水备用；将上海青摆盘。
2. 锅中注油烧热，下豆干，煎至表面呈金黄色，加入冬笋、胡萝卜、黑木耳，调入生抽炒至熟；加盐调味，用水淀粉勾芡，放入摆有上海青的盘中即可。

豆豉辣椒炒香干

原材料 香干、青椒、红椒各适量
调味料 盐3克，油、豆豉各适量

做法

1. 将香干用水洗净，沥干切丁；将青椒、红椒分别洗净切丁，入沸水中氽至断生，捞出沥干。
2. 锅中注油烧热，下豆豉炒香，加入香干及青椒、红椒炒至熟。
3. 加盐调味，炒匀即可。

农家小香干

原材料 香干200克，香芹150克，干红辣椒段适量

调味料 盐3克，生抽5毫升，油、辣椒粉各适量

做法

1. 将香干洗净，沥干切丝；将香芹洗净，切段，入沸水中氽至断生，捞出沥干。
2. 锅中注油烧热，放香干炒至断生，加香芹、辣椒粉、生抽和干红辣椒段炒熟。
3. 加盐调味，炒匀即可。

青豆炒香干

原材料 香干200克，青豆200克，蒜适量

调味料 盐3克，油适量

做法

1. 将香干洗净，沥干切片；将青豆洗净，入沸水中煮至断生，捞出沥干；将蒜去皮，洗净剁成蓉。
2. 锅中注油烧热，下蒜蓉爆香，加入香干和青豆炒至熟透。
3. 加盐调味，炒匀即可。

风味特色香干

原材料 香干100克，红椒、青葱、蒜片各适量

调味料 油、盐、辣椒粉、酱油各适量

做法

1. 将香干洗净，切片；将红椒洗净，切圈；将青葱洗净，切小段。
2. 炒锅加油烧热，入蒜片爆香，再将香干加入翻炒2分钟，最后将红椒一起加入拌炒；待红椒炒熟，调入盐、辣椒粉、酱油，加葱段，继续拌炒至香味散出，起锅盛盘即可。

芥蓝豆干

原材料 豆干250克，芥蓝150克，红椒、水淀粉各适量
调味料 盐3克，生抽8毫升，油适量

做法

1. 将豆干洗净，沥干斜切片；将芥蓝洗净，斜切段，入沸水中氽至断生，捞出沥干；将红椒洗净，切片。
2. 锅中注油烧热，下豆干稍炒，加入芥蓝和红椒，调入生抽炒至熟；加盐调味，用水淀粉勾薄芡，炒匀即可。

豌豆炒豆干

原材料 豆干200克，豌豆150克，水淀粉适量
调味料 盐3克，生抽5毫升，油适量

做法

1. 将豆干洗净，沥干切丁；将豌豆洗净，入沸水中氽至断生，捞出沥干。
2. 锅中注油烧热，下豆干和豌豆，调入生抽炒至熟。
3. 加盐调味，用水淀粉勾芡，炒匀即可。

韭菜炒豆干

原材料 豆干200克，韭菜、红椒各适量
调味料 盐3克，生抽7毫升，油适量

做法

1. 将豆干洗净，沥干切条；将韭菜洗净，沥干切段；将红椒洗净，沥干切圈。
2. 锅中注油烧热，下豆干，调入生抽炒至断生，加入韭菜和红椒圈炒至熟。
3. 加盐调味，炒匀即可。

酸菜香干

原材料 香干3块，酸菜200克，红辣椒2个，鸡汤适量

调味料 盐5克，香油5毫升，油适量

做法

1. 将香干洗净，焯水后切丁；将酸菜切碎；将红辣椒洗净切末。
2. 锅置旺火上，加油烧热，爆香红辣椒末，放入酸菜、香干炒匀，加适量鸡汤稍焖煮一会儿，加盐、香油调味，炒匀即可食用。

蒜薹豆豉炒香干

原材料 香干200克，蒜薹100克，干红辣椒适量

调味料 盐3克，生抽10毫升，油、豆豉辣酱各适量

做法

1. 将香干洗净，沥干切丝；将蒜薹洗净切段，入沸水中氽至断生，捞出沥干；将干红辣椒洗净，沥干切段。
2. 锅中注油烧热，下香干，调入生抽炒至变色，加入蒜薹、豆豉辣酱和干红辣椒炒至熟；加盐调味，炒匀即可。

沩山香干

原材料 沩山香干、青辣椒、红辣椒各适量

调味料 盐3克，生抽7毫升，油适量

做法

1. 将香干洗净，沥干切片；将青辣椒、红辣椒分别洗净，沥干切圈。
2. 锅中注油烧热，下香干，调入生抽炒至断生，再入青辣椒圈、红辣椒圈炒熟。
3. 加盐调味，炒匀即可。

辣香韭菜香干

原材料 香干条120克，姜片、韭菜段、红辣椒圈各适量

调味料 油、盐、酱油、香油各适量

做法

1. 炒锅上火，加油烧热，倒入香干，加酱油、盐，炒出香味后，捞出沥油。将底油烧热，放入姜片、红辣椒圈，爆出香味，再放入韭菜，炒至熟，倒入香干。
2. 再炒30秒，放入盐、香油调味，炒匀即可食用。

香干　　韭菜　　姜

大厨献招： 炒韭菜要用大火快炒，味道会更好。

适合人群： 一般人都可食用，尤其适合男性食用。

老醋香菜花生豆干

原材料 豆干250克，花生100克，香菜、红椒各少许

调味料 盐3克，油、酱油、醋各适量

做法

1. 将豆干洗净，切丁；将香菜洗净，切段；将红椒去蒂洗净，切丝。
2. 热锅下油，入花生炒香，再放入豆干，加盐、酱油、醋炒匀，稍微加点水，烧至入味，装盘。
3. 用香菜、红椒点缀即可。

青豆蒸豆干

原材料 豆干200克，青豆100克，青椒、红椒、高汤各适量

调味料 盐3克

做法

1. 将豆干洗净，切块；将青豆洗净沥干；将青椒、红椒洗净沥干，切菱形块。
2. 将豆干、青豆和青椒、红椒置于容器中，加入盐和高汤调成的味汁。
3. 将容器放入蒸笼中，待豆干和青豆熟透即可食用。

煎炒豆干

原材料 豆干300克，干红辣椒适量

调味料 盐3克，生抽8毫升，油适量

做法

1. 将豆干清洗干净，沥干切丝；将干红辣椒洗净，切段。
2. 锅中注油烧热，下豆干煎至金黄色，调入生抽和干红辣椒翻炒至熟。
3. 加盐调味，炒匀即可。

豆皮

别名：豆腐皮、油皮、百片、腐衣
性味：性平、味涩
适合人群：一般人群均可食用

食疗功效

养心润肺

豆皮含有的大量卵磷脂，能防止血管硬化、保护心脏、滋润肺部。

增强免疫力

豆皮营养丰富，蛋白质、氨基酸的含量高，还有铁、钙、钼等人体所必需的微量元素，常吃能提高免疫能力。

提神健脑

豆皮含有的黄豆卵磷脂，有益大脑。

选购保存

好的豆皮应皮薄透明，折而不断，泡后不黏。一般可将豆皮放入冰箱，能保存 2~3 天。

♥ **温馨提示**

优质的豆皮外观呈白色或淡黄色，颜色和厚度均匀一致，表面有光泽，质地紧密细腻，用手轻轻一拉，会感到富有韧性、软硬适度，表面不黏手，闻起来有豆皮特有的清香味，尝起来微带一点咸味。

食用禁忌		
忌	豆皮 + 菠菜	菠菜中的草酸与豆皮中的钙形成草酸钙，无法被人体吸收
忌	豆皮 + 四环素	豆皮与四环素同食，会降低四环素的药效

营养黄金组合		
宜	豆皮 + 辣椒	豆皮与辣椒同食，可开胃消食，增强人体的免疫力
宜	豆皮 + 香菜梗	豆皮与香菜梗同食，可以健胃，祛风寒

时蔬豆皮卷

原材料 豆皮200克，黄瓜、胡萝卜、心里美萝卜各适量

调味料 蒜香辣酱适量

做法

1. 将豆皮洗净；将黄瓜洗净，切丝；将心里美萝卜去皮洗净，切丝；将胡萝卜洗净，切丝。
2. 将切好的黄瓜、心里美萝卜、胡萝卜用豆皮卷好，然后斜刀切成段，摆好盘。
3. 将豆皮卷配以蒜香辣酱食用即可。

油泼豆皮

原材料 豆皮250克，青椒、红椒各40克
调味料 盐3克，红油20毫升，油适量

做法

1. 将豆皮洗净，切丝，入沸水中汆至断生，捞出沥干，装盘；将青椒、红椒分别洗净切丝，入沸水中汆至断生，捞出沥干，置于豆皮上。
2. 将盐和红油调成味汁倒在盘中的豆皮上；锅中注油烧热，浇在豆皮上搅拌均匀即可食用。

三河豆皮丝

原材料 豆皮400克，红椒、芹菜各适量
调味料 盐、香油、醋各适量

做法

1. 将豆皮洗净，切丝；将红椒去蒂洗净，切丝；将芹菜洗净，切段。
2. 锅入水烧开，分别将豆皮丝、红椒、芹菜焯水，捞出沥干，装盘。
3. 加盐、香油、醋拌匀即可。

豆皮寿司卷

原材料 豆皮100克，糯米饭、紫菜、蟹柳、生菜各适量
调味料 盐3克，白醋适量

做法

1. 将豆皮、生菜洗净，汆水后沥干；将紫菜发好沥干；将蟹柳蒸熟备用。
2. 将白醋倒进糯米饭中拌匀；将豆皮铺于竹帘上，将糯米饭在上面铺均匀，铺一层紫菜，再铺一层糯米饭，将生菜和蟹柳置于一边，将竹帘卷起，压紧，抽出竹帘，用利刀将寿司卷切片即可食用。

凉干豆皮丝

原材料 豆皮300克，香菜、红椒各适量
调味料 盐3克，红油辣酱适量

做法

1. 将豆皮洗净切丝，入沸水中氽至断生，捞出沥干；将红椒洗净切丝，入沸水中氽至断生，捞出沥干；将香菜洗净，切成段。
2. 将盐和红油辣酱置于同一容器，调匀，浇在红椒和豆皮丝上，撒上香菜段，拌匀即可。

五彩拌豆皮丝

原材料 豆皮丝400克，黄瓜80克，白菜梗、番茄各50克，香菜、红椒丝各适量
调味料 盐4克，生抽8毫升，白糖15克，香油适量

做法

1. 将黄瓜洗净切丝；将白菜梗洗净切丝；将番茄洗净切条；将香菜洗净切段。
2. 锅入水烧开，将所有原材料入水中焯熟后，捞出沥干，加盐、白糖、香油、生抽拌匀即可。

山西小拌菜

原材料 豆皮、豆芽、鲜海带、胡萝卜各适量
调味料 盐、香油各适量

做法

1. 将豆芽洗净；将海带、豆皮、胡萝卜洗净切丝，与豆芽同入沸水中焯后捞出。
2. 将备好的材料调入盐拌匀。
3. 再淋入香油即可。

大厨献招：海带用清水泡发后再烹饪。

适合人群：一般人都可食用，尤其适合老年人食用。

芝麻豆皮

原材料 豆皮400克，熟芝麻、葱各适量
调味料 盐3克，醋6毫升，老抽10毫升，红油15毫升

做法

1. 将豆皮洗净，切正方形片；将葱洗净切葱花；将豆皮入水焯熟；将盐、醋、老抽、红油调成汁，浇在每片豆皮上。

2. 再将豆皮叠起，撒上葱花、芝麻，斜切开装盘即可。

豆皮

芝麻

葱

大厨献招： 加入豆瓣酱一起烹饪，会让此菜更美味。

适合人群： 一般人都可食用，尤其适合女性食用。

辣椒红肠炒豆皮

原材料 红肠200克，豆皮250克，红辣椒10克
调味料 盐3克，油适量

做法

1. 将红肠洗净，切成片；将豆皮洗净，切成小块；将红辣椒洗净，切块。
2. 锅中加油烧热，先下红肠炒至干香后，再加入豆皮、红辣椒，一起翻炒；待熟后，加盐调味即可。

辣椒炒豆皮

原材料 豆皮250克，蒜5克，青辣椒、红辣椒各适量
调味料 盐3克，香油7毫升，油适量

做法

1. 将豆皮洗净，沥干切丝；将青辣椒、红辣椒分别洗净切丝，入沸水中余至断生，捞出沥干；将蒜去皮，剁成蒜蓉。
2. 锅中注油烧热，下蒜蓉爆香，先后加豆皮和青辣椒、红辣椒炒至熟。
3. 加盐和香油调味，炒匀即可。

尖椒丝炒豆丝

原材料 豆皮250克，青椒50克
调味料 盐3克，油、生抽各适量

做法

1. 将豆皮用水洗净，沥干切丝；将青椒洗净，切丝。
2. 锅中注油烧热，下青椒丝翻炒几下，调入生抽，加豆皮炒至熟。
3. 加盐调味，炒匀即可。

小炒豆皮

| 原材料 | 豆皮150克，红辣椒、葱各适量 |
| 调味料 | 盐3克，生抽10毫升，油适量 |

做法

1. 将豆皮洗净，沥干切块状；将红辣椒洗净，沥干切圈；将葱洗净，切葱花。
2. 锅中注油烧热，下豆皮炒至断生，下红辣椒圈继续炒至熟。
3. 加盐、生抽调味，撒上葱花，翻炒均匀即可。

双椒豆皮

| 原材料 | 豆皮200克，青椒、红椒各适量 |
| 调味料 | 盐3克，油、香油各适量 |

做法

1. 将豆皮洗净沥干，切菱形状备用；将青椒、红椒分别洗净，切菱形块，入沸水中汆至断生，捞出沥干。
2. 锅中注油烧热，放豆皮稍炒，加入青椒、红椒炒至熟。
3. 加盐和香油调味即可。

关东小炒

| 原材料 | 豆皮200克，百合50克，红椒段、花生仁、玉米饼、卤猪耳、西芹、面粉糊各适量 |
| 调味料 | 盐3克，油、生抽、红油各适量 |

做法

1. 豆皮洗净切条打结；西芹洗净切段；玉米饼切条；将百合洗净切小块；将卤猪耳洗净切丝。
2. 红椒段与花生仁分别裹上面粉糊，入油锅中炸熟，捞出沥油；锅留油烧热，下豆皮，加生抽和红油翻炒，入红椒、花生仁、猪耳及百合，炒至熟。
3. 调入盐炒匀，装盘，摆上玉米饼和汆过水的西芹即可。

韭菜豆皮炒腊肉

原材料 豆皮200克，腊肉100克，韭菜150克

调味料 盐3克，料酒10毫升，香油10毫升，油适量

做法

1. 将豆皮洗净沥干，切三角形块；将腊肉洗净，切片；将韭菜洗净，沥干切段。

2. 锅中注油烧热，下腊肉，调入料酒炒至断生，加入豆皮和韭菜同炒至熟；加盐和香油调味，炒匀即可。

腊肉烧豆皮

原材料 豆皮150克，腊肉100克，蒜苗、青辣椒、红辣椒各适量

调味料 盐3克，油、生抽、料酒、红油各适量

做法

1. 将豆皮洗净切块；腊肉洗净切片；蒜苗洗净切段；青辣椒、红辣椒洗净切圈。

2. 锅中注油烧热，下腊肉，调入生抽、料酒和红油炒至变色，下豆皮，加入适量水烧至八成熟，加入蒜苗和青辣椒、红辣椒继续烧至熟透；加盐调味，搅匀。

井冈山豆皮

原材料 豆皮350克，猪肉100克，红辣椒、香菜各适量

调味料 盐3克，油、生抽、料酒各适量

做法

1. 将豆皮洗净，切丝；将猪肉洗净，切片；将红辣椒洗净，切圈；将香菜洗净，切段。

2. 锅中注油烧热，下猪肉，调入生抽和料酒炒至变色，下豆皮和红辣椒圈稍炒，加入适量沸水，烧至肉和豆皮均熟透；加盐调味，撒上香菜段即可。

素炒豆皮

原材料 豆皮、油麦菜各300克，蒜适量
调味料 盐3克，油适量

做法

1. 将豆皮洗净沥干，切丝备用；将油麦菜洗净，沥干切段；将蒜洗净切末。
2. 油锅烧热，下蒜末爆香，加入豆皮，翻炒几下，再加入油麦菜同炒至熟。
3. 加盐调味即可。

五香豆皮丝

原材料 豆皮丝300克
调味料 盐、花椒、料酒、酱油、八角、桂皮、醋各适量

做法

1. 将豆皮丝泡洗干净，焯一下捞出控水。
2. 锅内放入适量清水，加入盐、花椒、八角、桂皮、料酒、酱油，以大火煮沸后再煮5分钟左右，关火，再放入豆皮丝浸泡，待冷却。
3. 食用前滴入少许醋即可。

香菜云丝

原材料 豆皮300克，香菜50克，红椒1个
调味料 盐、白糖、香油各适量

做法

1. 将豆皮、红椒洗净切丝；将香菜洗净切成段。
2. 将豆皮过一下开水；加上香菜、红椒、盐、白糖拌匀。
3. 最后淋上香油即可。

大厨献招：不喜欢吃甜的可不放白糖。
适合人群：一般人都可食用，尤其适合男性食用。

烤干豆皮

原材料 豆皮200克

调味料 盐2克,辣椒酱、胡椒粉、番茄酱各适量

做法

1. 将豆皮洗净,沥干切方形片;将所有调味料置于同一容器中,调匀。
2. 将豆皮用竹签穿起;用毛刷蘸取调味料,均匀刷在豆皮表面。
3. 将豆皮置于烤箱中,烤至表面金黄,即可食用。

萝卜苗拌豆皮丝

原材料 豆皮100克,萝卜苗100克,紫甘蓝、红椒各适量

调味料 香油、盐各适量

做法

1. 将豆皮、红椒、紫甘蓝洗净切丝。
2. 将萝卜苗、紫甘蓝、豆皮丝放开水中过一下捞起,沥干水分。
3. 将萝卜苗、豆皮、紫甘蓝、盐、红椒和香油置于同一容器拌匀即可。

豆皮拌三丝

原材料 豆皮、青椒、胡萝卜、蒜各适量

调味料 盐5克,香油6毫升,醋4毫升

做法

1. 将青椒、胡萝卜洗净切丝;将蒜洗净切末;将豆皮洗净切丝。
2. 锅上火,放适量清水烧沸,下豆皮、青椒、胡萝卜焯烫至熟,捞出过凉水,沥干水分。
3. 焯烫好的原材料装盘,放盐、醋、蒜末、香油拌匀即可。

豆皮丝拌香菜

原材料 豆皮500克，香菜50克，红椒丝适量
调味料 盐5克，油10毫升

做法

1. 将豆皮洗净，放开水中焯熟，捞起沥干，晾凉，切成丝和红椒丝一起装盘。
2. 将香菜洗净，切段。
3. 热油，放入豆皮丝、红椒丝翻炒至熟，加盐，撒上香菜即可。

豆皮　　　香菜　　　红椒

大厨献招： 加点生抽调味，这道菜味道会更好。

适合人群： 一般人都可食用，尤其适合女性食用。

家乡豆皮丝

原材料 油豆皮450克，葱、青椒、红椒、香菜段各适量

调味料 盐、糖、醋、姜汁、香油各适量

做法

1. 将油豆皮切丝，入开水中煮5分钟后捞出；将葱、青椒、红椒洗净切丝。
2. 取碗，放入油豆皮、青椒丝、红椒丝、葱丝，加入调味料拌匀；将食材装盘，放上香菜点缀即成。

爽口双丝

原材料 白萝卜150克，豆皮100克，青椒、红椒各30克

调味料 盐、香油、生抽各适量

做法

1. 将白萝卜、豆皮洗净，改刀，入水焯熟；将青椒、红椒洗净，切丝。
2. 将盐、香油、生抽调成味汁；将味汁淋在装白萝卜和豆皮的盘中，撒上青椒丝、红椒丝即可食用。

香菜干丝

原材料 白豆皮300克，香菜5克，红椒适量

调味料 盐、香油、胡椒粉各适量

做法

1. 将白豆皮洗净切条，放入开水中煮5分钟，取出放凉待用；将红椒洗净切圈；将香菜择洗干净切小段。
2. 将豆皮丝和盐、香油、胡椒粉拌匀，调好味后即可装盘。
3. 放上香菜和红椒圈装点即成。

拌干豆皮丝

原材料 豆皮450克，黄瓜、香菜、红椒各适量

调味料 盐、醋、香油、花椒油、红油、辣椒油各适量

做法

1. 将红椒、黄瓜洗净切丝；将豆皮泡洗干净切丝，放入开水中煮3分钟后捞出。
2. 将豆皮丝，加入红椒丝、黄瓜丝，加入适量的盐、醋、香油、花椒油、红油、辣椒油，拌匀；装盘，撒上香菜即可。

湘妹子豆皮丝

原材料 豆皮400克，高汤500毫升，葱、红椒、韭菜段、姜、蒜各适量

调味料 盐、油、豆瓣酱、料酒、老抽、红油各适量

做法

1. 将豆皮洗净切丝；将红椒洗净切丝；将姜、蒜洗净切末；将葱洗净切葱花。
2. 炒锅注油烧热，下入姜蒜末、豆瓣酱炒香；倒入高汤，加入盐、料酒、老抽、红油烧开；放入豆皮丝、红椒丝、韭菜段，以中火煮6分钟；撒上葱花即成。

扬州煮干丝

原材料 白豆皮300克，虾仁50克，土豆、青菜、高汤、葱、姜、蒜各适量

调味料 油、盐、黄酒各适量

做法

1. 将白豆皮、土豆、葱、姜、蒜洗净，切好；将虾仁洗净；将青菜焯熟摆盘。
2. 热锅下油烧热，爆香姜末、蒜末，放入豆皮丝翻炒片刻；加入高汤烧开；加入虾仁、土豆丝，放盐、黄酒，盖上盖煮5分钟；出锅前撒点葱段即可。

素炒豆皮丝

原材料 豆皮丝300克，葱花、姜末、蒜末各5克，青椒、红椒各1个，包菜叶100克，淀粉10克

调味料 盐3克，料酒10毫升，油适量

做法

1. 将豆皮丝冲洗净沥干；将青椒、红椒洗净切丝；将包菜叶洗净，切丝。
2. 锅置火上，加油烧至八成热，放入姜末、蒜末、葱花爆香，再依次倒入青椒丝、红椒丝、包菜丝翻炒均匀。
3. 放入豆皮丝翻炒，加盐、料酒调味，用淀粉勾芡即可。

水煮豆皮丝

原材料 豆皮300克，猪肉100克，高汤、姜、蒜、青椒、红椒、香菜各适量

调味料 油、盐、料酒、酱油、豆瓣酱、辣椒酱、红油各适量

做法

1. 将豆皮洗净切丝；将猪肉、青椒、红椒分别洗净切丝；将香菜洗净切段。
2. 热锅下油烧热，放姜、蒜、辣椒酱、豆瓣酱、红油煸炒；倒入高汤，下入豆皮丝、肉丝，加盐、料酒、酱油调味，煮开，撒上香菜和青椒丝、红椒丝即可。

龙槐豆皮卷

原材料 豆皮200克，龙槐100克，熟白芝麻3克

调味料 沙茶酱适量

做法

1. 将豆皮用水洗净，切成宽片；将龙槐用水洗净，切段。
2. 将龙槐用豆皮包裹，做成豆皮卷。
3. 将熟白芝麻撒入沙茶酱中，蘸食即可。

大厨献招：可将豆皮氽一下水，口感会更好。

适合人群：一般人都可食用。

大煮干丝

原材料 白豆皮400克，火腿、香菇、虾仁各50克，
鸡汤、红椒、青菜各适量

调味料 盐3克，酱油、香油各适量

做法

1. 白豆皮切丝，入开水焯烫；火腿切丝，香菇、红椒
   洗净切丝；青菜洗净切段。

2. 炒锅内倒入鸡汤，加入豆皮丝；再加入火腿丝、
   香菇丝、虾仁、红椒丝，煮至汤汁渐浓时，加青
   菜、盐、酱油，盖好盖再煮5分钟左右起锅；淋上
   香油。

豆皮

火腿

香菇

大厨献招： 煮豆皮丝时最好用鸡汤吊
鲜，味道比其他高汤或是清水更好。

适合人群： 一般人都可食用，尤其适
合孕产妇食用。

萝卜豆皮卷

原材料 豆皮200克,葱、樱桃萝卜各80克
调味料 甜面酱适量

做法

1. 将豆皮洗净,切宽片;将葱洗净,切段;将樱桃萝卜去皮洗净,切丝。
2. 将葱段、樱桃萝卜丝用豆皮包裹,做成豆皮卷。
3. 蘸以甜面酱食用即可。

三色豆皮卷

原材料 豆皮200克,黄瓜150克,生菜适量
调味料 高汤黑椒拌酱适量

做法

1. 将豆皮洗净,切宽片;将黄瓜洗净,切条;将生菜洗净,摆盘。
2. 将黄瓜用豆皮包裹,做成豆皮卷,摆在生菜上,蘸以高汤黑椒拌酱食用即可。

卷酱菜

原材料 豆皮200克,黄瓜150克,青椒、红椒各适量
调味料 黑胡椒红酒酱适量

做法

1. 将豆皮洗净,切片;将黄瓜洗净,切丝;将青椒、红椒均去蒂洗净,切圈。
2. 将切好的黄瓜丝用豆皮包好,做成豆皮卷,再将青椒圈、红椒圈套在豆皮卷上,摆好盘。
3. 配以黑胡椒红酒酱食用即可。

鸡火煮干丝

原材料 豆皮丝400克，虾仁、青菜、红辣椒各20克，鸡汤500毫升

调味料 盐3克，胡椒粉、香油各适量

做法

1. 将豆皮丝焯水备用；将红辣椒洗净切丝；将虾仁、青菜洗净。
2. 起锅点火，倒入鸡汤，放入豆皮丝，加适量盐，煮开；放入虾仁、红辣椒丝，以大火煮5分钟；放几根青菜，撒入胡椒粉，即可起锅；装碗，淋上香油。

丰收蘸酱菜

原材料 豆皮200克，圣女果150克，黄瓜、心里美萝卜各100克，包菜适量

调味料 盐、番茄酱各适量

做法

1. 将豆皮切片；将圣女果洗净；将黄瓜、心里美萝卜洗净切丝；将包菜撕成片。
2. 将切好的黄瓜、心里美萝卜用豆皮包裹，做成豆皮卷，摆盘，再将圣女果摆盘；锅入水烧开，加盐，放入包菜汆熟后，捞出沥干摆在豆皮卷上，配以番茄酱食用即可。

特色小三样

原材料 豆皮150克，生菜、黄瓜、胡萝卜、心里美萝卜各适量

调味料 大蒜肉末酱适量

做法

1. 将豆皮、生菜、黄瓜、胡萝卜洗净，切好；将心里美萝卜去皮洗净切块。
2. 将切好的胡萝卜、生菜用豆皮包裹，做成豆皮卷，装入篮中，将生菜、黄瓜、胡萝卜、心里美萝卜均摆入篮中；将食材配以大蒜肉末酱食用即可。

东北地方豆皮卷

原材料 豆皮200克,猪肉100克,葱、胡萝卜、紫甘蓝、红椒各适量

调味料 盐3克,油、酱油、醋各适量

做法

1. 将猪肉、胡萝卜、紫甘蓝、葱分别洗净,切好;将红椒去蒂洗净,取一半。
2. 将切好的葱、胡萝卜、紫甘蓝用豆皮卷起,斜刀切段,摆好盘;热锅下油,放入猪肉略炒,加盐、酱油、醋调味,炒熟,盛入红椒内,摆在盘中即可。

豆皮千层卷

原材料 豆皮200克,葱50克,青椒适量

调味料 豆豉酱适量

做法

1. 将豆皮洗净,切片;葱洗净,切段;青椒去蒂洗净,分别切圈、切丝。
2. 将葱段、青椒丝用豆皮包裹,做成豆皮卷,再将青椒圈套在豆皮卷上,摆好盘。
3. 配以豆豉酱食用即可。

极品豆皮卷

原材料 豆皮200克,猪肉100克,松仁50克,青椒、红椒各50克

调味料 盐3克,油适量

做法

1. 将青椒、红椒均去蒂洗净,切末;将猪肉洗净,切末;将豆皮洗净。
2. 热锅下油,放入猪肉、松仁炒香,再放入青椒、红椒一起炒,加盐调味。
3. 将上述炒好的原材料用豆皮卷成豆卷,摆盘即可。

秘制卤豆腐卷

原材料 豆皮4张，竹笋、胡萝卜各半根，榨菜丝20克，香菇5朵，清汤100毫升

调味料 油、酱油、白糖、香油各适量

豆皮　　竹笋　　胡萝卜

做法

1. 将竹笋、香菇、胡萝卜用水洗净切丝；将酱油、香油、白糖、清汤放入碗中制成调味汁。

2. 油烧热，下香菇丝、笋丝、胡萝卜丝、榨菜丝炒匀，调入味汁，炒干汤汁作馅料；将豆皮摆好，抹上调味汁，放上馅料，折成长方块，放到抹过油的蒸盘上，蒸熟，取出切段即成。

大厨献招：切豆皮时要用利刀快切，以免切散。

适合人群：一般人都可食用，尤其适合儿童食用。

美味香菜云丝

原材料 豆皮、青椒、红椒、香菜各适量

调味料 油、盐、红油、香油、生抽、豆瓣酱各适量

做法

1. 将豆皮洗净切丝；将香菜洗净切段；将青椒、红椒洗净切丝。
2. 热锅入油，下豆瓣酱爆香，放入青椒丝、红椒丝，加入生抽快速翻炒2分钟；加入豆皮丝，轻轻翻炒一下后，加适量水；煮开之后，加盐、红油、香油，翻炒均匀；入香菜，炒匀盛盘即可。

荷包豆皮

原材料 豆皮300克，猪肉150克，蒜、海带丝、水淀粉各适量

调味料 盐3克，油、酱油、醋各适量

做法

1. 将豆皮洗净，切片；将猪肉洗净，切末；将蒜洗净，切末；将海带丝洗净。
2. 将猪肉与蒜末一起搅拌均匀，用豆皮卷成卷状，再用海带丝打上结。
3. 热锅下油，放入豆皮卷，加盐、酱油、醋、水淀粉、水，烧至熟透，装盘。

腐皮卷

原材料 豆皮100克，白菜、猪肉、淀粉各适量，葱、蒜各5克

调味料 盐3克，油适量

做法

1. 将白菜洗净，切末；将猪肉洗净，切末；将葱切葱花；将蒜切末。
2. 将切好的白菜、猪肉、葱、蒜，加盐、淀粉一起拌匀，用豆皮包好。
3. 锅下油烧热，放入卷好的豆皮，炸至熟透，捞出控油，装盘即可。

腐竹

别名：腐皮、豆皮
性味：性平、味甘
适合人群：一般人群均可食用

食疗功效

补血养颜

腐竹含有丰富的铁，是制造血红素和肌血球素的主要物质，有补血养颜的功效。

增强免疫力

腐竹含有丰富的蛋白质，能充分满足人体对蛋白质的需求，有增强机体免疫力的功效。

养心润肺

腐竹含有的卵磷脂可除去附在血管壁上的胆固醇，保护心脏。

提神健脑

腐竹中的谷氨酸具有良好的健脑作用，能预防阿尔茨海默病的发生。

选购保存

好的腐竹呈淡黄色，略有光泽。将腐竹密封保存，能够保存相当长的一段时间。

♥ 温馨提示

腐竹适于久放，但应放在干燥通风之处。过伏天的腐竹，经阳光晒、凉风吹数次即可。

食用禁忌		
忌	腐竹 + 菠菜	腐竹与菠菜同食，会降低菠菜的营养价值
忌	腐竹 + 葱	葱与腐竹同食，会形成草酸钙，影响钙的吸收

营养黄金组合		
宜	腐竹 + 蘑菇	腐竹与蘑菇同食，有利于蛋白质吸收，能增加营养
宜	腐竹 + 黑木耳	腐竹与黑木耳同食，具有补气健胃、润燥、利水消肿的功效，还可治疗高血压

凉拌腐竹

原材料 腐竹250克，黄瓜、胡萝卜各100克，干红辣椒20克

调味料 盐3克，油、香油各适量

做法

1. 将腐竹入开水中焯水后，捞出沥干斜切成段；将黄瓜、胡萝卜洗净，切薄片；将干红辣椒洗净，切段。
2. 油锅爆香干红辣椒，放入腐竹、黄瓜、胡萝卜略炒，调入盐装盘。
3. 淋上香油即可。

腐竹拌肚丝

原材料 羊肚、腐竹各150克，香菜少许
调味料 盐3克，香油10毫升

做法

1. 将羊肚洗净，切丝，用水汆熟后捞出；将腐竹泡发洗净，切丝，焯熟后取出；将香菜用水洗净。
2. 将羊肚、腐竹、香菜同拌。
3. 调入盐拌匀，淋入香油即可。

香卤腐竹

原材料 干腐竹150克，龟苓膏80克
调味料 油、八角、桂皮、盐、老抽、辣椒油各适量

做法

1. 将干腐竹泡发切段，入开水焯熟；将龟苓膏捣碎。
2. 油锅烧热，放入所有调味料，加水烧开后，下腐竹，卤至上色后，盛出，用龟苓膏装点即可。

肉末韭菜炒腐竹

原材料 腐竹250克，韭菜200克，猪肉150克
调味料 盐3克，油适量

做法

1. 将腐竹洗净泡发，入开水中焯水后，捞出沥干，切段；将韭菜洗净，切段；将猪肉洗净剁成肉末。
2. 油锅烧热，放入猪肉末爆炒至香，下韭菜、腐竹翻炒。
3. 调入盐即可。

鲜口蘑拌腐竹

原材料 腐竹200克，鲜口蘑100克，干红辣椒、青椒、红椒各适量

调味料 油、盐、花椒各少许

腐竹　　　口蘑　　　盐

做法

1. 将腐竹泡发切段，焯水后捞出沥干，入盘；将干红辣椒、青椒、红椒洗净切丝。

2. 将鲜口蘑洗净切片，放入沸水中焯熟，捞出沥干水，放在腐竹上。

3. 锅置火上，加油烧热，放入花椒炸出香味，捞出花椒，将油倒在鲜口蘑和腐竹上，加盐拌匀，再撒上干红辣椒丝、青椒丝、红椒丝即可。

大厨献招： 口蘑在食用前需多漂洗几遍，以去掉某些化学物质。

适合人群： 一般人都可食用。

黑木耳拌腐竹

原材料 腐竹250克，黑木耳100克，胡萝卜100克，芹菜50克，干红辣椒20克

调味料 盐3克，香油适量

做法

1. 将腐竹入开水中焯水后，捞出沥干，切段；将黑木耳泡发撕片；将胡萝卜洗净去皮，切片；将芹菜、干红辣椒切段。
2. 锅内注水，放干红辣椒除外的原材料焯熟，捞起来沥水并装盘；加盐、香油、干红辣椒拌匀即可食用。

椒麻腐竹

原材料 腐竹300克，黄瓜500克，红椒圈20克，蒜末、香菜段各适量

调味料 盐、酱油、花椒、醋、芝麻酱各适量

做法

1. 将黄瓜切条；将腐竹泡发。
2. 将腐竹焯水后捞起，沥干；将芝麻酱用淡盐水化开，调入酱油、花椒、蒜末、醋搅匀；将黄瓜、腐竹入碟，淋椒麻汁，撒上红椒和香菜即可。

辣烧腐竹

原材料 腐竹300克，青辣椒、红辣椒各10克

调味料 盐3克，生抽、红油、油各适量

做法

1. 将腐竹洗净泡发，入开水中焯水后，捞出沥干，切成斜段；将青辣椒、红辣椒用水洗净去蒂切片。
2. 油锅烧热，下腐竹、青辣椒、红辣椒，加点水调入盐、生抽炒入味，焖烧5分钟；调入红油炒匀，摆盘即可。

酱烧腐竹

原材料 腐竹300克，青辣椒、红辣椒各10克
调味料 油、盐、生抽、豆瓣酱各适量

做法

1. 将腐竹洗净泡发，入开水中焯水后，捞出沥干，切成斜段。
2. 油锅烧热，放入腐竹以大火翻炒，加入青辣椒、红辣椒、豆瓣酱、盐、生抽炒匀；烧至腐竹颜色变深，再加点水焖2分钟，即可食用。

铁板锡纸腐竹

原材料 腐竹300克，五花肉200克，干红辣椒10克，蒜末15克
调味料 盐3克，生抽8毫升，油适量

做法

1. 将五花肉洗净，切块；将腐竹泡发洗净，切段；将干红辣椒洗净切段。
2. 铁板刷油，放入蒜末、干红辣椒炒香后，入五花肉炒至出油，放入腐竹，加入盐、生抽调味，稍微加点水烧至熟，盛盘即可食用。

罐香腐竹

原材料 腐竹300克，猪肉200克，黑木耳、胡萝卜各150克，高汤适量
调味料 盐3克

做法

1. 将腐竹洗净泡发后，切段；将黑木耳洗净，泡发撕片；将猪肉洗净，切大块；将胡萝卜洗净，切片。
2. 锅烧热，倒入水煮沸，放入腐竹、猪肉、黑木耳、胡萝卜，加少许高汤炖煮至熟；调入盐即可。

芹菜拌腐竹

原材料 腐竹150克，芹菜50克，红辣椒段、姜末、清汤各适量

调味料 油、盐、料酒、红油各适量

做法

1. 将腐竹用水泡开，切段，加清汤、姜、盐、料酒煮20分钟，捞出过凉。
2. 将芹菜洗净切段，入沸水锅略焯一下捞出，加盐、红油与腐竹拌均匀。
3. 将红辣椒段入油锅稍炸，浇在腐竹、芹菜上即可。

酱肉蒸腐竹

原材料 酱肉400克，腐竹300克，干红辣椒段15克

调味料 盐3克，料酒30毫升

做法

1. 将腐竹泡软，切成段；将酱肉洗净，切成片备用。
2. 将腐竹垫在盘里，撒上盐，在腐竹上铺上酱肉片，淋上料酒，放上干红辣椒，上笼以大火蒸熟即可。

干炸腐竹

原材料 腐竹300克，猪里脊肉200克，水淀粉适量

调味料 油、盐、番茄酱各适量

做法

1. 将腐竹洗净泡软；将猪里脊肉去筋膜，剁成泥，加盐拌匀。
2. 将腐竹摊开，将肉泥卷入腐竹，卷成细卷，边缘部分用水淀粉黏合，再切段。
3. 油锅烧热，下入腐竹，以大火炸至金黄色，捞起，配上番茄酱佐食即可。

豆豉

别名：黑豆豉
性味：性温、味咸
适合人群：食欲不振者

食疗功效

降低血脂

经常食用豆豉能促进体内新陈代谢，清除血中毒素、净化血液，对减少血中胆固醇、降低血压有一定帮助。

补血养颜

豆豉还有美容的作用，可以增强肌肤的新陈代谢功能，促进机体排毒，保护皮肤和头发的健康。

开胃消食

豆豉特有的香气具有增加食欲、促进吸收的功效。

选购保存

豆豉以颗粒完整、乌黑发亮、松软即化且无霉腐味者为佳。把豆豉装入容器内，遮光密闭，于室内通风处存放。

♥ 温馨提示

豆豉是以黄豆为主要原料，利用毛霉、曲霉或者细菌蛋白酶的作用，分解黄豆蛋白质，达到一定程度时，通过加盐、加酒、干燥等方法，抑制酶的活力，延缓发酵而制成的。每天吃40克左右的豆豉即可，尽量不要多食。

食用禁忌		
忌	豆豉 + 虾皮	豆豉与虾皮同食，会导致消化不良
忌	豆豉 + 酸牛奶	豆豉中所含的化学成分会影响人体对酸牛奶中钙质的吸收

营养黄金组合		
宜	豆豉 + 青椒	豆豉与青椒搭配同食，可以起到开胃消食、增强食欲的作用
宜	豆豉 + 苦瓜	苦瓜含有丰富的营养物质，与豆豉同食，营养更全

豆豉红椒炒苦瓜

原材料 苦瓜200克，红椒50克，水淀粉适量
调味料 豆豉20克，盐3克，油、醋各适量

做法

1. 将苦瓜用水洗净，切条；将红椒去蒂洗净，切条。

2. 热锅下油，放入苦瓜炒至五成熟时，放入红椒、豆豉，加盐、醋调味，待熟，用水淀粉勾芡，装盘即可。

豆豉双椒

| 原材料 | 青椒200克，红椒100克，香干150克 |
| 调味料 | 豆豉30克，盐3克，油、酱油、醋各适量 |

做法

1. 将青椒、红椒均去蒂洗净，切丁；将香干洗净，切丁。

2. 热锅下油，放入青椒、红椒、香干翻炒片刻，放入豆豉，加盐、酱油、醋调味，炒熟，装盘即可。

青椒

红椒

豆豉

大厨献招： 选用五香香干烹饪，味道会更好。

适合人群： 一般人都可食用，尤其适合男性食用。

豆渣

别名：豆腐渣
性味：性凉、味甘
适合人群：一般人均可食用，尤其是老年人

食疗功效

预防便秘

豆渣含有较丰富的营养物质，其粗蛋白质含量尤其丰富，它又是膳食纤维中最好的纤维素，被称为"黄豆纤维"，能增加粪便体积，使粪便松软、促进肠蠕动，对预防便秘有很好的作用。

降脂作用

豆渣含有丰富的膳食纤维，不仅能促进胃肠蠕动，还能阻止人体对胆固醇的吸收，起到降低血中胆固醇的作用，对预防高血压、血脂黏稠、动脉硬化很有利。

防癌抗癌

豆渣含有丰富的抗癌物质，经常食用豆渣能有效地降低胰腺癌、乳腺癌以及肠癌的发病率。

选购保存

购买豆渣时最好先闻一下，新鲜豆渣一般有浓烈的豆腥味。豆渣不宜长时间保存，最好现买现食。

♥ 温馨提示

将豆渣和玉米一起加工成窝窝头食用，不仅能开胃助消化，还有降脂补脑、降压的作用，经常食用对保健养生大有益处。豆渣还是天然的护肤品。在豆渣中加入蜂蜜，充分搅拌后敷在脸上，不仅能滋润皮肤，还能美白祛斑。

营养黄金组合

宜	豆渣 + 芹菜	豆渣和芹菜搭配食用，不仅可促进胃肠蠕动，有排毒养颜的作用，还有很好的降压功效
宜	豆渣 + 牛肉	豆渣和牛肉搭配做成牛肉豆渣丸子，不仅营养美味，还有很好的补虚强身的作用
宜	豆渣 + 蜂蜜	豆渣和蜂蜜搭配不仅营养美味，经常食用，还有很好的美容养颜的作用

豆渣饼皮

原材料 炒豆渣适量，淀粉、葱、香菜各20克，饼皮100克

调味料 油、甜面酱各适量

做法

1. 将葱洗净，切碎；将香菜洗净，切段。
2. 将炒豆渣放入碗中，倒入淀粉，拌匀。锅置火上，倒入油加热，放入饼皮，炸脆，然后捞起。
3. 锅中留油，入豆渣翻炒，装盘，用饼皮抹上甜面酱，卷豆渣、葱、香菜食用。

芹菜炒豆渣

原材料 豆渣、芹菜梗各200克，胡萝卜100克，熟花生仁50克，香菜15克

调味料 盐3克，油适量

做法

1. 将胡萝卜、芹菜梗洗净切丁；将熟花生仁碾碎；将香菜洗净切段；将豆渣用纱布包好，放沸水中煮片刻，捞起挤干。

2. 油烧热，放入豆渣、胡萝卜、芹菜梗，调入盐炒熟；然后倒入碗中，撒上花生仁、香菜，即可食用。

雪花豆渣

原材料 豆渣300克，豌豆、红椒、青椒各20克，清汤300毫升

调味料 油、盐、白胡椒粉各少许

做法

1. 将豌豆洗净；将红椒、青椒洗净切碎；将豆渣沥干水待用。

2. 热锅放油，烧热后放入豌豆、青椒碎、红椒碎煸炒；加豆渣、盐、白胡椒粉和清汤，以大火烧开，转小火煮8分钟至熟；出锅盛盘即成。

芙蓉米豆渣

原材料 芙蓉米豆渣300克，酸菜、肉末各50克，清汤100毫升，红椒适量

调味料 盐3克，油、胡椒粉各适量

做法

1. 将酸菜洗净切碎；将红椒洗净切丁；将芙蓉米豆渣沥干水。

2. 热锅入油，倒入豆渣，加入盐、胡椒粉和清汤，以中火慢慢煮熟，盛盘待用；再起油锅，放入红椒、肉末爆香，加入酸菜翻炒均匀后，倒在豆渣上即成。

日本豆腐

别名：鸡蛋豆腐、玉子豆腐
性味：性凉、味咸
适合人群：一般人均可食用

食疗功效

增强免疫力

日本豆腐对牙齿、骨骼的生长发育颇为有益，还可预防骨质疏松，增强人体免疫力。

降低血脂

日本豆腐中不含有胆固醇，可改善人体脂肪结构，是降低血脂的食疗佳品。

保肝护肾

日本豆腐含有半胱氨酸，能加速酒精在身体中的代谢，减少酒精对肝脏的毒害，起到保护肝肾的作用。

选购保存

质地细腻肥嫩、有光泽的日本豆腐为佳品。日本豆腐采用无菌包装的技术，可保存 3 个月。

♥ 温馨提示

由于日本豆腐太嫩，烹制成菜后往往难以成型。将日本豆腐改刀后，先用浓盐水稍微浸泡一会儿，然后沥干水分，再入七八成热的油锅中炸至呈现金黄色，即可捞起来用于红烧，或熘制成菜。

经过这样处理的豆腐，成菜后不散不烂，外形整齐美观。

食用禁忌		
忌	日本豆腐 + 蜂蜜	日本豆腐能清热散血，下大肠浊气，蜂蜜甘凉滑利，二者同食，易致泄泻
忌	日本豆腐 + 菠菜	菠菜中的草酸和日本豆腐中的钙结合，容易产生结石

营养黄金组合		
宜	日本豆腐 + 海带	海带含碘丰富，将日本豆腐与海带一起吃，可补充碘元素
宜	日本豆腐 + 鱼头	鱼头中富含维生素D，与日本豆腐同食，可促进钙质吸收

日式青芥烧豆腐

原材料 日本豆腐400克，虾仁、芥蓝各200克，胡萝卜80克

调味料 盐3克，油适量

做法

1. 将日本豆腐洗净切块；将虾仁洗净待用；将芥蓝洗净，择去老叶，雕花；将胡萝卜洗净，切片。

2. 油锅烧热，下胡萝卜、芥蓝翻炒，加水煮沸，放入日本豆腐、虾仁煮10分钟，调入盐煮至香味飘出即可。

铁板玉珠贴

原材料	日本豆腐450克，猪肉200克，水淀粉8毫升
调味料	盐3克，辣椒粉5克，油适量

做法

1. 将日本豆腐切块；将猪肉洗净切碎。
2. 油锅烧热，放入猪肉爆炒至熟，放入部分日本豆腐翻炒，调入盐、辣椒粉炒匀，用水淀粉勾芡。
3. 装盘，再将余下切好的日本豆腐摆盘放入锡纸铁板中。

日本豆腐　　猪肉　　盐

大厨献招：加点葡萄酒烹饪此菜，味道会更好。

适合人群：一般人都可食用，尤其适合女性食用。

脆皮五仁豆腐

原材料 日本豆腐400克，松仁100克，腰果80克，红梅、绿梅各20克，水淀粉8毫升

调味料 盐3克，油适量

做法

1. 将日本豆腐洗净切块，均匀地裹上水淀粉；将松仁、腰果、红梅、绿梅洗净。
2. 以大火烧热油锅，放入日本豆腐、松仁、腰果炒熟；调入盐炒入味；以水淀粉勾芡，加点水，翻炒，起锅摆盘，摆上红梅、绿梅即可。

鱼香脆皮豆腐

原材料 日本豆腐400克，姜、蒜各适量，水淀粉8毫升

调味料 盐3克，生抽5毫升，辣椒粉10克，油适量

做法

1. 将日本豆腐洗净切块，裹上水淀粉；将姜、蒜去皮，洗净，切成碎末。
2. 油锅烧热，放入姜、蒜、日本豆腐，大火翻炒至香，调入盐、辣椒粉、生抽炒至入味。
3. 加点水，烧至收汁即可。

泰酱日本豆腐

原材料 日本豆腐300克，上海青300克，水淀粉8毫升，剁椒10克

调味料 盐3克，生抽5毫升，油适量

做法

1. 将日本豆腐洗净切块；将上海青洗净对半切开，焯烫后摆盘。
2. 油锅烧热，放入日本豆腐、剁椒翻炒，调入盐、生抽炒入味。
3. 以水淀粉勾芡，起锅摆盘。

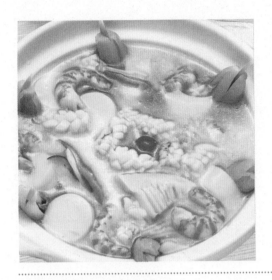

海皇豆腐煲

原材料 日本豆腐200克，鱿鱼、上海青、虾仁、冬笋、香菇各100克，胡萝卜50克

调味料 盐3克

做法

1. 将所有原材料洗净切好，上海青烫熟。
2. 锅内入水煮沸，放入虾仁、鱿鱼，大火煮至鲜味出，下日本豆腐、胡萝卜、冬笋、香菇，改中火煮至熟，调入盐。
3. 以小火煮5分钟，出锅，倒入摆了上海青的砂锅内即可。

蚝皇日式豆腐

原材料 日本豆腐200克，鹌鹑蛋5个，西蓝花200克，水淀粉5毫升

调味料 盐3克，蚝油8毫升，油适量

做法

1. 将日本豆腐切块；将鹌鹑蛋煮熟，摆盘；将西蓝花掰成小朵，余水，摆盘。
2. 油锅烧热，放入日本豆腐炸至金黄色，调入盐炒入味。
3. 用水淀粉勾芡，烧至收汁，淋上蚝油，出锅摆盘即可。

铁盘香豆腐

原材料 日本豆腐、豌豆、香菇、火腿、鸡蛋、枸杞、淀粉各适量

调味料 油、盐、香油各适量

做法

1. 将火腿、香菇切丁；将豌豆洗净；将枸杞泡洗；将铁板烧热，打入鸡蛋，将日本豆腐切块放入，放油炸透后盛出。
2. 油锅烧热，放香菇、火腿、豌豆，加盐炒好淋在日本豆腐上。入铁盘，撒枸杞，用淀粉勾芡，淋香油即可。

足球小霸王

原材料 日本豆腐200克，甲鱼400克，红泡椒200克，蒜末5克，姜末10克

调味料 盐3克，红油15毫升，油适量

做法

1. 将日本豆腐洗净切块；将甲鱼洗净；将泡椒去蒂，洗净。

2. 油锅烧热，放入蒜、姜、甲鱼爆炒至熟；加入水煮沸，放入日本豆腐以大火煮；调入盐、红油一起煮；煮至香味飘出，放入红泡椒，煮5分钟即可。

铁板肉碎日本豆腐

原材料 日本豆腐300克，鸡蛋2个，猪肉100克，葱花10克

调味料 盐3克，生抽6毫升，油适量

做法

1. 将日本豆腐、猪肉、葱洗净，切好；将鸡蛋打散，加入盐和适量温开水搅匀。

2. 铁板烧热，将鸡蛋倒入锅中平煎至金黄色；油锅烧热，放入肉末、日本豆腐以大火翻炒至熟，调入盐、生抽炒匀，倒入铁板盘中的蛋皮上，撒葱花即可。

铁板香煎豆腐

原材料 日本豆腐350克，猪肉50克，葱、蒜各5克，红椒少许

调味料 油、盐、红油、酱油各适量

做法

1. 将日本豆腐洗净，切块；将猪肉、葱、蒜、红椒洗净剁碎。

2. 油锅烧热，入日本豆腐，煎至金黄色，盛在铁板上。

3. 锅内留油，入猪肉、葱、蒜、红椒炒香，放盐、红油、酱油调味，淋在豆腐上即可。

海鲜扒日本豆腐

原材料 日本豆腐400克，虾仁200克，猪皮20克，黄瓜、胡萝卜各80克

调味料 盐3克

做法

1. 将日本豆腐切块；将猪皮洗净切片；将黄瓜、胡萝卜洗净切块；将虾仁洗净。
2. 锅入水煮沸，下猪皮煮软，放入日本豆腐、虾仁，煮至鲜味出，调入盐，再加入黄瓜、胡萝卜一起煮至熟；将日本豆腐沿盘边摆好，把锅里的汤倒入盘中。

清蒸日本豆腐

原材料 日本豆腐、水豆腐各80克，五花肉90克，鲜香菇、葱花、红辣椒各适量

调味料 盐3克，酱油适量

做法

1. 将五花肉、鲜香菇洗净，一起剁成末，加盐、酱油拌匀制成馅；将水豆腐切成块，中间部位掏空，酿入馅；将日本豆腐洗净；将红辣椒洗净，切成丁。
2. 将酿豆腐放入盘中，将日本豆腐摆放在水豆腐外围，上锅蒸15分钟，撒上葱花、红辣椒丁即可。

百花酿日本豆腐

原材料 日本豆腐、猪肉、西蓝花、枸杞、鸡蛋各适量，淀粉20克

调味料 盐5克，香油适量

做法

1. 将猪肉剁泥；将西蓝花掰成朵；将鸡蛋打散搅匀；将枸杞洗净；肉泥中放盐、鸡蛋液、淀粉做成丸子；将日本豆腐中间挖洞，撒盐，将丸子放在日本豆腐上，将枸杞放在肉丸上，入蒸锅蒸熟。
2. 将西蓝花焯水；把蒸好的丸子放碗中间，将西蓝花围在四周，淋香油即可。

223

泡椒日本豆腐

原材料 日本豆腐200克，泡椒80克，淀粉适量
调味料 油、番茄酱、盐各适量

做法

1. 将泡椒切成段；将日本豆腐洗净切片，加入淀粉裹匀。
2. 油锅烧热，将日本豆腐炸至金黄色结壳，装盘。
3. 油锅烧热，入泡椒段、番茄酱略煸，加入日本豆腐片翻炒，加盐调味，装盘。

日本豆腐　　泡椒　　淀粉

大厨献招：炸日本豆腐时不能用大火，以免炸煳。

适合人群：一般人都可食用，尤其适合女性食用。

三鲜日本豆腐

原材料 日本豆腐350克，猪肉200克，香菇、胡萝卜各适量，水淀粉5毫升

调味料 盐3克

做法

1. 将日本豆腐洗净切块摆盘，将猪肉、香菇、胡萝卜洗净，切碎，调入盐，捏成小肉丸摆在日本豆腐上。
2. 锅入水，将摆好盘的日本豆腐放入锅中，隔水蒸30分钟；蒸至肉熟，油流出，以水淀粉勾芡，加盖焖2分钟即可。

虾仁扒豆腐

原材料 日本豆腐200克，虾150克，葱花10克，姜末3克，高汤适量

调味料 盐4克，生抽、蚝油、油各适量

做法

1. 将日本豆腐洗净，切成块；将虾取虾仁备用。
2. 锅中加油烧沸，下入日本豆腐块炸至金黄色后捞出；锅中加油烧热，爆香姜末、葱花，下入虾仁、高汤，再加入生抽、蚝油、盐，淋在日本豆腐上即可。

贵妃醉豆腐

原材料 日本豆腐350克，鸡蛋1个，熟白芝麻20克，水淀粉5毫升

调味料 盐3克，辣椒油3毫升，油适量

做法

1. 将日本豆腐洗净切块；将鸡蛋打散，加水搅匀。
2. 油锅烧热，将鸡蛋液裹住日本豆腐放入油锅中炸至金黄色，再调入辣椒油、盐炒均匀。
3. 以水淀粉勾芡，撒上熟白芝麻即可。

油豆腐

别名：油腐、豆腐泡
性味：性寒、味咸
适合人群：一般人均可食用

食疗功效

防癌抗癌

油豆腐中富含大豆异黄酮，能抑制癌细胞生长，起到防癌抗癌的作用。

补血养颜

油豆腐中丰富的铁元素，可帮助制造血红素，具有美白、补血养颜的作用。

增强免疫力

油豆腐中含有的完全蛋白质具有很高的营养价值，可增强人体免疫力。

提神健脑

油豆腐中含有有益于神经、血管、大脑生长发育的大豆卵磷脂，可提神健脑。

选购保存

宜选择色泽橙黄、鲜亮，内囊少而分布均匀的油豆腐。将油豆腐烘干，放在塑料袋里，可长期保存。

♥ 温馨提示

油豆腐不宜用于烧烤，胃肠功能较弱的人慎食油豆腐。

食用禁忌		
忌	油豆腐 + 猪血	油豆腐中的蛋白质会使猪血中铁质的吸收率下降
忌	油豆腐 + 菠菜	菠菜中的草酸和油豆腐中的钙质结合，容易产生结石

营养黄金组合		
宜	油豆腐 + 羊栖菜	羊栖菜中富含纤维素、铁、钙和镁，二者同食，可促进消化
宜	油豆腐 + 白萝卜	白萝卜属地道的保健食品，二者同食，可促进新陈代谢

油豆腐红烧肉

原材料 油豆腐350克，五花肉300克，红辣椒30克

调味料 油、盐、八角、生抽各适量

做法

1. 将油豆腐、五花肉洗净切成小块；将红辣椒洗净切圈；将八角洗净待用。

2. 油锅烧热，将五花肉放入锅中翻炒至油流出，放入油豆腐、八角、红辣椒以大火炒，加水、生抽焖烧5分钟，至颜色变深、香味飘出；调入盐炒入味即可。

东江飘豆腐

原材料 油豆腐350克，草菇150克，青辣椒、胡萝卜各50克，水淀粉8毫升

调味料 盐3克，老抽8毫升，油适量

做法

1. 将油豆腐洗净；将草菇洗净切片；将青辣椒洗净切片；将胡萝卜洗净，切薄片。
2. 以大火烧热油锅，放入油豆腐、草菇翻炒，调入盐、老抽，加点水炒至汁浓，放入青辣椒、胡萝卜炒熟。
3. 用水淀粉勾芡淋在油豆腐上即可。

张谷英油豆腐

原材料 油豆腐350克，五花肉250克，红辣椒20克，香菜适量

调味料 盐3克，老抽8毫升，油适量

做法

1. 将油豆腐洗净；将五花肉洗净，切块；将红辣椒洗净，切圈；将香菜洗净。
2. 油锅烧热，放入五花肉翻炒至熟，放入油豆腐、老抽、水煮至汤汁颜色变浓。
3. 放入红辣椒、盐炒匀，焖烧5分钟，撒上香菜即可。

老北京豆腐丸子

原材料 油豆腐350克，上海青250克，葱花10克，水淀粉8毫升

调味料 盐3克，老抽8毫升，油适量

做法

1. 将油豆腐洗净；将上海青洗净，对半切开，入开水焯一下摆入钵中垫底。
2. 油锅烧热，放入油豆腐煸炒，至软，加老抽、盐调味。
3. 加水焖烧5分钟，烧至收汁，以水淀粉勾芡，淋在油豆腐上，起锅装入钵盘中，摆盘，撒上葱花即可。

香煎油豆腐

原材料 油豆腐300克，青辣椒、红辣椒各100克，蒜
10克

调味料 盐3克，油适量

油豆腐　　红辣椒　　　盐

做法

1. 将油豆腐洗净备用；将青辣椒、红辣椒去蒂洗净，切碎；将蒜去皮，洗净后剁成泥。

2. 以大火烧热油锅，放入蒜爆香，下油豆腐煎至金黄色块状，调入盐炒匀。

3. 起锅时，撒入青辣椒、红辣椒即可。

大厨献招： 做此菜时，要用大火，且油豆腐不宜炸得太干。

适合人群： 一般人都可食用，尤其适合男性食用。

老北京石锅豆腐

原材料 油豆腐350克，葱、水淀粉各适量
调味料 盐3克，油、老抽、料酒各适量

做法

1. 将油豆腐洗净，放入料酒、老抽腌2分钟；将葱洗净，切葱花。
2. 油锅烧热，放入油豆腐以大火翻炒，加入老抽炒至颜色变酱色，调入盐，再加点水加盖焖烧2分钟。
3. 烧至收汁，水淀粉勾薄芡，淋在油豆腐上，翻炒均匀，撒上葱花即可。

五花肉炖油豆腐

原材料 油豆腐350克，五花肉250克，青辣椒、红辣椒各50克，蒜适量
调味料 盐3克，油、老抽各适量

做法

1. 将油豆腐洗净；将五花肉洗净，切成小块；将青辣椒、红辣椒去蒂，洗净，切片；将蒜去皮，洗净，切丁。
2. 油锅烧热，放入五花肉、蒜爆炒至油流出，蒜香味出，放入油豆腐、青辣椒、红辣椒翻炒，调入盐、老抽炒至酱色；加水，煮至收汁即可。

宫爆豆腐

原材料 油豆腐350克，花生仁150克，青椒、红椒各50克，干红辣椒30克
调味料 盐3克，生抽、红油、油各适量

做法

1. 将油豆腐洗净；将花生仁洗净待用；将青椒、红椒去蒂洗净切丁；将干红辣椒洗净，切碎。
2. 油锅烧热，放入花生仁炸熟；另起油锅下油豆腐、青椒、红椒、干红辣椒、花生仁煸炒，调入红油、水翻炒。
3. 炒至水分收干时，调入盐、生抽炒匀即可食用。

雪里蕻肉碎油豆腐

原材料 油豆腐350克，猪肉250克，雪里蕻150克，葱花30克

调味料 盐3克，老抽8毫升，油适量

做法

1. 将油豆腐洗净；将猪肉洗净，剁成肉末；将雪里蕻洗净，切碎。
2. 油锅烧热，放入猪肉、雪里蕻炸熟，放入油豆腐翻炒至熟，调入盐，炒匀，加水焖烧；煮至油豆腐变软，调入老抽，撒上葱花即可。

香菇烧油豆腐

原材料 油豆腐350克，猪肉150克，香菇150克

调味料 盐3克，老抽8毫升，油适量

做法

1. 将油豆腐洗净；将猪肉洗净，剁成肉末；将香菇洗净，以温水泡发，切片。
2. 油锅烧热，放入香菇翻炒至水出，放入油豆腐、肉末以大火煮，调入盐、老抽加盖焖烧2分钟，至油豆腐变软，入味，即可装盘。

油豆腐烧海鲜

原材料 油豆腐350克，西蓝花200克，虾仁、鱿鱼、蟹柳各100克，水淀粉8毫升

调味料 盐3克，油适量

做法

1. 将油豆腐、虾仁洗净；将西蓝花切朵，用开水焯熟摆盘；将鱿鱼、蟹柳切块。
2. 油锅烧热，下油豆腐、盐翻炒至熟后，捞出摆盘；起油锅，下虾仁、鱿鱼、蟹柳，以水淀粉勾芡，滑炒至熟，调入盐炒匀；加入少许水焖烧2分钟，起锅，摆盘即可食用。

阿香嫂招牌豆腐

原材料 油豆腐350克，葱10克
调味料 盐3克，番茄酱8克，油适量

做法

1. 将油豆腐洗净；将葱洗净，切去尾部，将葱白切丝待用。
2. 油锅烧热，下油豆腐，炸至金黄色，外表酥，调入盐炒入味。
3. 加水、番茄酱烧至收汁，起锅时撒上葱丝即可。

柠檬脆皮豆腐

原材料 油豆腐350克，黄瓜100克，水淀粉8毫升，柠檬汁5毫升
调味料 盐3克，油适量

做法

1. 将油豆腐用水洗净；将黄瓜洗净切薄片，摆盘。
2. 油锅烧热，下油豆腐，炸至内熟皮脆，以水淀粉勾芡，调入盐炒入味。
3. 淋入柠檬汁，装盘即可。

乡村油豆腐

原材料 油豆腐350克，葱8克，香菜适量
调味料 盐3克，红油8毫升，辣椒酱5克，油适量

做法

1. 将油豆腐洗净；将葱洗净，切细丝；将香菜洗净备用。
2. 油锅烧热，下油豆腐，炸至金黄色，调入红油、辣椒酱炒入味。
3. 加水焖烧至熟透，调入盐，撒上葱丝、香菜即可。

脆烧油豆腐

原材料 油豆腐350克，水淀粉8毫升

调味料 盐3克，红油8毫升，辣椒酱5克，油适量

做法

1. 将油豆腐洗净。
2. 油锅烧热，放入油豆腐炸至皮脆、八成熟时，调入盐、辣椒酱、红油炒匀，加水一起烧。
3. 以水淀粉勾芡淋在油豆腐上，装盘即可食用。

大厨献招：面粉、蛋清加水搅拌，裹在油豆腐上，入油锅炸，味道会更好。

适合人群：一般人都可食用。

八宝布袋油豆腐

原材料 油豆腐350克，猪肉200克，西蓝花250克，绿色绳2根

调味料 盐3克，生抽5毫升，油适量

做法

1. 将猪肉洗净，剁碎；将油豆腐洗净，切开口，将猪肉放入切了口的油豆腐内，将油豆腐切口处用绿绳绑住；将西蓝花洗净，入水汆一下，掰成小朵摆盘。
2. 将油豆腐放入油锅中煎熟，调入盐、生抽炒匀，装盘即可。

家乡烧油豆腐

原材料 油豆腐350克

调味料 盐3克，红油5毫升，辣椒酱8克，油适量

做法

1. 将油豆腐洗净。
2. 油锅烧热，放油豆腐以大火炸至金黄色，调入盐、红油、辣椒酱炒入味。
3. 加水焖烧2分钟，烧至收汁，装盘即可食用。

大厨献招：将油豆腐切成两半炒，更易入味，味道会更好。

适合人群：一般人都可食用。

奶汤口袋豆腐

原材料 油豆腐350克，鱿鱼200克，上海青200克，火腿肉、猪皮各100克，高汤500毫升

调味料 盐3克

做法

1. 将油豆腐洗净；将鱿鱼切滚刀块；将上海青对半切开；将火腿肉、猪皮切片。

2. 汤锅置火上，加入高汤烧沸，放入油豆腐、鱿鱼以大火煮至鲜味出，盖上锅盖煮5分钟；再放入火腿肉、猪皮、盐一起煮熟，起锅时，在锅里加入上海青。

锅仔什菜油豆腐

原材料 油豆腐350克，猪肉、莴笋各200克，胡萝卜、黑木耳各100克，高汤适量

调味料 盐3克

做法

1. 将猪肉剁蓉；将油豆腐洗净，顶部切开一小口，放入猪肉，用绳子扎紧；将胡萝卜、莴笋切片；将黑木耳泡发撕片。

2. 汤锅置火上，加入高汤烧沸，放入黑木耳、油豆腐以大火煮熟，调入盐，放入胡萝卜、莴笋改中火炖煮，煮至鲜味出，加盖焖熟即可。

上海青烧豆腐

原材料 油豆腐350克，上海青200克，笋20克，火腿肉100克，香菇80克

调味料 油、盐、生抽、豆瓣酱各适量

做法

1. 将油豆腐、笋、火腿肉洗净，切好；将上海青汆水摆盘；将香菇泡发切片。

2. 油锅烧热，下油豆腐、火腿肉、笋、香菇一起翻炒至熟，调入盐、生抽、豆瓣酱炒匀，加水焖烧2分钟，至香味飘出；起锅装入摆好上海青的盘中。

三鲜脆皮油豆腐

原材料 油豆腐350克，鱿鱼200克，青辣椒、红辣椒各50克，葱10克

调味料 油、盐、辣椒酱、豆豉各适量

做法

1. 将油豆腐、鱿鱼、青辣椒、红辣椒、葱分别洗净，切好；将豆豉洗净，待用。
2. 烧热油锅，下鱿鱼、豆豉、青辣椒、红辣椒、油豆腐，以大火翻炒，待颜色变酱色，加水，调入盐、辣椒酱炒至收汁，撒上葱花即可。

滑菌油豆腐

原材料 油豆腐350克，滑子菇200克

调味料 盐3克

做法

1. 将油豆腐洗净；将滑子菇洗净。
2. 锅中加水，烧沸，放入油豆腐以大火煮熟，下滑子菇煮至鲜味出，调入盐，改中火煮。
3. 盖上锅盖煮5分钟，再改小火煨一会儿即可食用。

白菜煮油豆腐

原材料 油豆腐300克，白菜100克

调味料 盐3克，醋5毫升，油适量

做法

1. 将油豆腐洗净备用；将白菜洗净，切片待用。
2. 油锅烧热，下油豆腐翻炒至熟，捞起。
3. 汤锅置火上，加入水烧沸，下油豆腐、白菜一起炖煮，调入盐、醋煮2分钟即可食用。

大厨献招： 白菜不宜煮太长时间，会损坏其维生素。

适合人群： 一般人都可食用。

豆类饮食小窍门

🍴 豆制品的质量鉴别

豆干

豆干有方干、圆干、香干之分。质量好的豆干，表面较干燥，手感坚韧、质细，气味正常（有香味）。变质的豆干，表面发黏、发腐、出水，色泽浅红，没有豆香味，有的还产生了酸味，不能食用。掺假豆干的表面粗糙、光泽差，如轻轻折叠，易裂，且折裂面会呈现不规则的锯齿状，仔细查看可见粗糙物，这是因为掺了豆渣或玉米粉。

油豆腐

好的油豆腐有鲜嫩感，充水油豆腐油少、粗糙；好的油豆腐捻后容易恢复原状，充水油豆腐一捻就烂。

腐竹

一般将腐竹分为三个质量等级。一级呈浅麦黄色，有光泽，蜂孔均匀，外形整齐，质细且有油润感；二级呈灰黄，光泽稍差，外形整齐而不碎；三级呈深黄色，光泽较差，外形不整齐，

有断碎。用温水浸泡10分钟，好腐竹水色黄而清，有弹性，无硬结现象，有豆类清香味。

豆浆

优质豆浆为淡黄色，有光泽；稍次的为白色，微有光泽；劣质豆浆是灰白色的，无光泽。从组织形态上看，优质豆浆的浆液均匀一致，浆体质地细腻，无结块，稍有沉淀；次质豆浆有沉淀及杂质；劣质豆浆会出现分层、结块现象，并有大量沉淀。从气味上闻，优质豆浆具有豆浆香气，无其他异味；稍次豆浆香气平淡，稍有焦煳味或豆腥味；而劣质豆浆有浓重的焦煳味、酸败味、豆腥味或其他不良气味。

素鸡

质量好的素鸡色泽白，表面较干燥，气味正常，切口光亮，无裂缝、无破皮、无重碱味。如果色泽浅红，表面发黏发腐，渗出水珠，说明已经变质。

🍴 豆类食品的"新鲜"吃法

此类食物无论是绿色的、黄色的、紫色的，还是宽形的、窄条的，以洋葱、番茄为辅料，再以蒜和紫苏调味，做出来的菜肴相当美味。豆类食品富含 B 族维生素和叶酸，有着致密的物质结构和鲜亮的色泽，在塑料袋中常温保存两天，仍可照常食用，但最健康的食用方法，还是买回家后即择洗、下锅、入菜。

🍴 豆类防虫的妙方

沸水消毒法

取平口蒸锅一只，内盛半锅清水煮沸备用。用小竹篮盛上刚买来的各种豆类，如红豆、绿豆、蚕豆、豌豆等，浸入沸水 30 分钟，并不断用筷子搅拌即可杀死各类虫蛹。然后，迅速取出并浸泡在盛满冷水的搪瓷盆内过滤。完成上述操作后，将豆类晾干、晒透，装入密封干燥的容器内便不会再生虫。

蒜防虫法

进入春季后，豆类容易生虫，若在存放豆类的密闭容器内放入几瓣带皮的蒜，可使豆类三个月内不生虫。

🍴 烹调豆类食品要烧熟煮透

食用未煮熟的豆类会引起食物中毒。这是由于未煮熟的豆类含有致病因子皂苷、抗胰蛋白酶因子和植物凝血素，可以使人产生腹痛、腹泻、恶心呕吐等消化道症状，多在吃后的数小时内发病，病程 1~2 天，重则可危及生命。因此，食用豆类食品时，一定要将其烧熟煮透，使有毒物质得到破坏分解，使营养物质得到消化吸收。

🍴 豆类快速煮烂的窍门

豆类如果没有经过浸泡很难被煮透，建议可先将豆类与水以 1：3 的配比一起煮，待冷却后放入冰箱冷冻 2 小时左右，取出后水的表层会出现些许结冰现象。此时再将锅放在火上加热，水与豆类的受热程度不同，温度变化可让豆类约 20 分钟后就被煮烂。

🍴 多吃豆类食物可驻颜美容

黑豆是乌发"娘子"

黑豆的含铁量较一般豆类高，多食可增强体质，抗御衰老，令人头发乌黑亮丽。

绿豆可美目亮睛

绿豆是防暑佳品，对消除嘴唇干燥、嘴部生疮、痱子、暗疮等特别有效；多食还可以保护眼睛免遭病菌侵害，使双眼更加明亮美丽。

荷兰豆能养颜美容

荷兰豆甘醇可口，营养丰富，含有大量维生素 A、维生素 C，氨基酸含量是豆类之最，是养颜美容的佳品。

四季豆是美肤源泉

多吃四季豆可滋五脏、补血、补肝、明目，帮助肠胃吸收，防治脚气，亦可令肌肤保持光泽美丽。

黄豆是肠胃"卫士"

多食黄豆有利于胃肠道的消化和吸收，还可润泽皮肤，而且黄豆中的大豆异黄酮物质可防衰老。

🍴 怎样选购豆腐

我国的豆腐有北豆腐和南豆腐之分。北豆腐又叫"老豆腐"，应选购表面光润、四角平整、薄厚一致、有弹性、无杂质、无异味的；南豆腐又叫"嫩豆腐"，应选购洁白细嫩、周体完整、不裂、不流脑、无杂质、无异味的。不过要想选到优质的豆腐，还应该综合运用以下辨别方法。

一看

豆腐应呈白色略带微黄色，如果色泽过白，有可能添加了漂白剂；次质豆腐色泽较深，无光泽；劣质豆腐呈深灰色、深黄色或者红褐色。

二摸

优质豆腐块形完整，软硬适度，质地细嫩；劣质豆腐块形不完整，组织结构粗糙而松散，触之易碎，表面发黏。

三闻

优质豆腐具有豆腐特有的香味；次质豆腐香气平淡；劣质豆腐有豆腥味、馊味等不良气味或其他外来气味。

四尝

可在室温下取小块样品，细细咀嚼。优质豆腐口感细腻鲜嫩，味道纯正、清香；次质豆腐口感粗糙，滋味平淡；劣质豆腐有酸味、苦味、涩味及其他不良滋味。

🍴 豆腐翻面的技巧

豆腐较软，频繁翻动易使豆腐破裂不成形，因此豆腐入油锅后，不要轻易翻动，待底面被煎至定型后，再翻面，能保持豆腐的形状完好无损。将豆腐翻面时，可以一手拿锅铲将豆腐滑至锅口边缘，另一只手拿勺子背抵住豆腐的底面后轻轻用力一顶，豆腐就会翻面并又滑入锅中。

🍴 豆腐可用来美容

每天早晨起床后，将适量豆腐，放在掌心，用以摩擦面部几分钟，坚持一个月，面部肌肤就会变得白嫩滋润。

🍴 豆腐渣可美白养颜

豆腐渣含有丰富的营养成分，以纤维素和蛋白质为主，可以吸附皮肤表层平时不容易被清洗的垃圾，所以有美白养颜的功效。具体方法是：洁面后，用温热的豆腐渣拌入少许蜂蜜，然后取之在脸上轻轻地搓揉（手法同按摩霜或去角质霜），再将剩下的豆腐渣敷在脸上（薄厚自便），用棉质面膜或毛巾蘸水拧干后盖在上面保持水分，15~20分钟后揭掉面膜，用清水洗净，再用冷水洗脸。这时，你就会觉得脸上有紧绷的感觉，而且肤色明显变白了许多，脸上的雀斑也淡了。最后，再搽上晚霜或保湿产品就可以了。

🍴 菜豆贮藏小窍门

用于贮藏保鲜的菜豆品种，以中晚熟蔓生的架豆为佳。将菜豆采收后，要剔除不符合标准的虫荚、病荚、断荚、过嫩荚、过老荚，将菜豆置于通风、阴凉处摊晾。

🍴 选购腐竹的小窍门

色泽辨别

优质腐竹为浅麦黄色，有光泽；次质腐竹的色泽呈灰黄色，光泽稍差；劣质腐竹呈深黄色、光泽较差。

外观辨别

优质腐竹呈枝条或片叶状，质脆易折，条状折断有空心，无霉斑、杂质、虫蛀；次质腐竹有较多折断的枝条或碎块，有较多实心条；劣质腐竹有霉斑、虫蛀、杂质。

气味辨别

优质腐竹具有腐竹固有的香味，无异味；次质腐竹缺乏腐竹固有的香气；劣质腐竹有霉味、酸臭味等不良气味及其他外来气味。

滋味辨别

优质腐竹具有腐竹固有的鲜香滋味；次质腐竹滋味平淡；劣质腐竹有苦味、涩味或酸味等不良滋味。

🍴 豆腐汆水的要领

1. 将豆腐切成大小一致的小块，放入冷水锅中，然后加热。

2. 待水温上升到将开时，应将火调小保持温度，不需要将其烧开。

3. 待豆腐上浮，手轻捏感觉有硬度时，就可将豆腐捞出，浸入冷水中。

🍴 麻婆豆腐制作要点

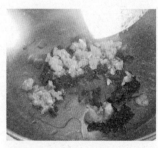

1. 将豆腐切成小块，用热水汆过；将葱切葱花，姜去皮切末。

2. 油锅烧热，放绞肉、辣豆瓣酱、姜末炒，入高汤、豆腐、酱油、酒。

3. 煮至汤汁快干时，用水淀粉勾芡，淋入香油，撒上葱花、花椒粉。

🍴 做卤水豆腐的窍门

1. 将豆腐控干水分。

2. 将油烧热，下豆腐炸。炸豆腐时要使豆腐受热均匀。

3. 待豆腐炸至金黄色，捞出放入卤水中煮10分钟，然后再浸泡。

4. 这样卤出来的豆腐不但外形完整，口感也非常嫩滑。

🍴 巧用碎豆腐做新菜

1. 将碎豆腐沥干水，放碗内搅拌成豆腐泥。

2. 将咸鸭蛋蛋黄切碎，放入豆腐泥中拌匀。

3. 上锅蒸熟即可食用。

豆类存放小窍门

🍴 绿豆的存放诀窍

1. 取出绿豆。

2. 将绿豆放入开水内浸泡1~2分钟。

3. 将其晒干后密封保存。

🍴 鲜豌豆巧保鲜

1. 将水煮沸后，放少许盐，倒入新鲜的豌豆搅拌均匀。

2. 约煮1分钟后，将豌豆捞出，放入冷水里快速冷却。

3. 将冷水中的豌豆捞出，沥干。

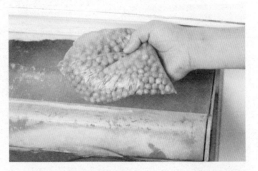

4. 用保鲜袋装好处理过的豌豆，放进冰箱冷冻保存即可。

豆制品怎么吃更好

豆制品的营养主要体现在其丰富的蛋白质含量上。豆制品所含的人体必需氨基酸与动物蛋白相似，同样也含有钙、磷、铁等人体需要的矿物质，含有维生素 B$_1$、维生素 B$_2$ 和纤维素。豆制品虽营养丰富，但不合理地吃豆制品不仅会降低其营养价值，也不利于健康。因此，我们要了解一些吃豆制品的常识，让营养加倍。

豆腐不宜单独食用

营养学家认为，食物中蛋白质的营养价值的高低，取决于组成蛋白质的氨基酸的种类、数量与相互间的比例。如果蛋白质中的氨基酸种类齐全、数量多、相互间的比例适当，那么这种食物蛋白质的生物价值就高，也就是说它的营养价值高。否则，即便食物中蛋白质的含量很高，它的营养价值也不高。

豆腐的蛋白质含量虽高，但由于它的蛋白质中有一种人体必需的氨基酸即蛋氨酸的含量偏低，所以它的营养价值就大打折扣。如何才能扬长避短呢？办法很简单，只需将其他动植物食品与豆腐一起烹调就可以了。如在豆腐中加入肉末，或用鸡蛋裹豆腐油煎，便能更充分地利用其所含的丰富的蛋白质。

此外，豆腐虽富含钙质，但若单食豆腐，人体对钙的吸收利用率会很低。若为豆腐找个维生素 D 含量较高的食物搭配同煮，借助维生素 D 的作用，便可使人体对钙的吸收率提高二十多倍。

豆制品虽好，却非人人都宜

以黄豆或其他豆类制作的豆制品主要包括两大类，一类是非发酵豆制品，如豆腐、豆腐脑、豆干、豆皮、豆浆、腐竹等；另一类是发酵豆制品，如豆豉、豆腐乳、臭豆腐等。日常消费量最大的是豆腐、豆浆和豆干。

豆制品虽然营养丰富，色香味俱佳，但也并非人人皆宜，患有以下疾病者应当忌食或者少吃。

消化性溃疡

严重消化性溃疡患者不要食用黄豆、蚕豆、豆皮丝、豆干等豆制品，因为其中嘌呤的含量高，有促进胃液分泌的作用，会对患者的胃黏膜造成机械性损伤。豆类所含的低聚糖，如水苏糖和棉子糖，虽然不能被消化酶分解而被消化吸收，但可被肠道细菌发酵，能分解产生一些小分子的气体，进而引起嗝气、肠鸣、腹胀、腹痛等症状。

胃炎

急性胃炎和慢性浅表性胃炎患者也不要食用豆制品，以免刺激胃酸分泌，引起胃肠胀气。

肾脏疾病

肾炎、肾功能衰竭和肾脏透析患者应采用低蛋白饮食。为了保证身体的基本需要，应在限量范围内选用适量含必需氨基酸丰富而含非必需氨基酸较低的食品，与动物性蛋白质相比，豆类含非必需氨基酸较高，故应禁食。